中国林业发展报告
2017

国 家 林 业 局

《2017中国林业发展报告》
编辑委员会

主　任　张建龙

副主任　张永利　刘东生　彭有冬　李树铭　李春良　谭光明　封加平
　　　　　张鸿文　马广仁

委　员（以姓氏笔画为序）

丁立新　王月华　王永海　王志高　王连志　王前进　王海忠
王焕良　孔　明　刘文萍　刘克勇　刘　拓　闫　振　孙国吉
李世东　李金华　杨　冬　杨　超　吴志民　张利明　张　炜
张艳红　陈嘉文　金　旻　周鸿升　孟宪林　赵良平　郝育军
郝燕湘　胡章翠　贾建生　高红电　菅宁红　程　红　潘世学
潘迎珍　戴广翠

编写组

组　　长　闫　振　李金华

常务副组长　王月华

副组长　刘建杰　夏郁芳

成　　员　谢　晨　刘俊昌　胡明形　李　杰　柯水发　于百川　林　琳
　　　　　刘　珉　谷振宾　王佳男　张　坤　张　鑫　唐肖彬　曹露聪
　　　　　张　禹　周金锋　刘丽军　张　敏　张云毅　缪光平　李新华
　　　　　吴红军　毛　锋　吴友苗　张会华　欧国平　张志刚　郑　杨
　　　　　张　旗　刘跃辉　张云志　汪飞跃　林　琼　马　藜　王福田
　　　　　龚玉梅　韩学文　段亮红　赵　戈　闫春丽　孙嘉伟　陆诗雷
　　　　　付建全　郝学峰　沈和定　袁卫国　刘韶辉　徐旺明　吴　今
　　　　　沈瑾兰　徐信俭　张美芬　刘正祥　高述超　那春风　肖　昉
　　　　　陈光清　曾德梁　富玫妹　朱介石　郭　伟　解炜炜　荆　涛
　　　　　孙小兵　韩　非　伍祖祎　吴　昊　李俊恺　黄祥云　马一博
　　　　　孔　卓　张　媛　李成钢　张　棚　刘　博　付　丽　杨万利
　　　　　张丽媛　姜喜麟　何　微　管兴旺　钱　蕾　李　屹　周榕蓉
　　　　　张明吉　徐建雄　田　禾　刘庆博　江　伟

前　言

　　2016年，全国林业系统深入学习领会习近平总书记系列重要讲话精神，全面贯彻落实党的十八大和十八届三中、四中、五中、六中全会精神，按照党中央、国务院的决策部署，牢固树立和贯彻落实新发展理念，不断深化林业改革，认真落实"四个着力"，全面完成林业各项任务，林业现代化建设实现了"十三五"良好开局。

　　国土绿化和生态保护力度加大。印发了《全国森林经营规划（2016—2050年）》《沙化土地封禁保护修复制度方案》，编制《"十三五"森林质量精准提升工程规划》，新一轮退耕还林、京津风沙源治理等林业重点生态工程深入实施。全年共完成造林1.08亿亩[①]，森林抚育1.28亿亩。全面停止天然林商业性采伐，实现了天然林保护全覆盖。发布了《湿地保护修复制度方案》，完成退耕还湿20万亩，恢复退化湿地30万亩。新增林业国家级自然保护区16处、国家森林城市22个、国家沙漠公园15处、国家湿地公园134处。森林火灾、林业有害生物防控成效明显。

　　林业产业快速发展。全年实现林业产业总产值6.49万亿元，比2015年增长9.30%。商品材产量7 775.87万立方米，人造板产量3.00亿立方米，各类经济林产品产量1.80亿吨。以森林旅游为主的第三产业成为林业经济增长的新亮点，林业产业结构逐

[①] 1亩=1/15公顷，以下同。

步优化，三次产业结构比为 33∶50∶17，产业发展质量不断提升。

林业改革全面推进。重点国有林区省级改革实施方案获得国家批复，分离企业办社会职能、富余职工安置等改革稳步实施。国有林场省级改革实施方案全部获得批复，国有林场定性定编定岗等改革全面推开。国务院办公厅印发《关于完善集体林权制度的意见》，集体林权制度改革不断深化，林权流转有序开展，集体林业发展水平进一步提高。东北虎豹、大熊猫国家公园试点方案得到中央全面深化改革领导小组审议通过。启动了国有森林资源有偿使用试点，林业自然资源资产负债表编制等改革顺利推进。

林业服务国家三大战略取得重要进展。印发了《京津冀生态协同圈森林和自然生态保护与修复规划》，建立了局省（市）共同推进京津冀协同发展林业生态率先突破工作机制。出台了《长江经济带森林和湿地生态系统保护与修复规划》和《长江沿江重点湿地保护修复工程规划》，加快推动长江经济带生态保护修复。坚持共商、共建、共享绿色丝绸之路，着力推进防沙治沙、野生动植物保护等林业国际合作，建立了中国—中东欧国家（16+1）、大中亚地区、中国——东盟等林业合作机制，搭建了"一带一路"林业贸易与投资合作平台。

林业精准扶贫成效明显。确定了"四精准三巩固"的林业精准扶贫精准脱贫思路。全国共落实生态护林员28.8万人，精准带动108万建档立卡贫困人口脱贫；安排72.9万贫困户退耕还林任务414万亩，每亩可得到国家补助1 500元。发展林业产业成为山区林区沙区精准扶贫重要措施，35万户、110万贫困人口依托森林旅游实现增收。印发《林业科技扶贫行动方案》，组织开展了送科技下乡等一系列林业科技扶贫行动，一批贫困人口依靠林业科技实现精准脱贫。

支撑保障能力不断增强。林业投入政策进一步完善，全年完成林业投资4 510亿元。金融创新取得突破，国家林业局与国家发展和改革委员会联合印发《关于运用政府和社会资本合作模式推进林业建设的指导意见》，与财政部联合印发《关于运用政府和社会资本合作模式推进林业生态建设和保护利用的指导意见》，在林业五大重点领域大力推广运用PPP模式，引导各方面资金投入林业。分别与国家开发银行、中国农业发展银行签署支持林业发展的合作协议，贷款总规模755亿元，2016年已放款152亿元。修订了《中华人民共和国野生动物保护法》，林业科技和信息化建设稳步推进。

2017年，各级林业主管部门要继续深入贯彻习近平总书记系列重要讲话精神和中央关于林业改革发展的重大决策部署，牢固树立和贯彻落实新发展理念，以推进林业供给侧结构性改革为主线，以维护国家森林生态安全为主攻方向，全面推进林业现代化建设，不断提升生态产品和林产品供给能力，为建设生态文明、增进民生福祉和推动经济社会发展做出更大贡献，以优异成绩迎接党的十九大胜利召开！

2017年9月

目 录

前 言

摘 要　1

生态建设　17

产业发展　33

生态公共服务　41

改革、政策与法制　49

林业投资　73

支撑与保障　85

区域林业　105

林业开放合作　123

林产品市场　135

附 录　169

注 释

后 记

专栏目录

专栏1	中央财政造林补贴国家级核查	20
专栏2	中央财政森林抚育补贴国家级抽查结果	20
专栏3	《全国森林经营规划（2016–2050年）》森林质量提升目标	21
专栏4	2016年沙尘天气状况及灾害评估	22
专栏5	大熊猫保护	24
专栏6	湖北省恩施市退耕还林工程惠农脱贫	28
专栏7	自然保护区建设60年	30
专栏8	重点生态建设工程造林核查主要结果	31
专栏9	第三届全国林业产业大会	38
专栏10	龙江森工集团优化供给侧结构　推动产业转型升级	39
专栏11	东北、内蒙古重点国有林区"四分开"改革深入推进	51
专栏12	生态护林员精准到人　退耕还林精准到户	61
专栏13	《全面推进林业法治建设实施意见》主要亮点	71
专栏14	新修订的《中华人民共和国野生动物保护法》颁布实施	71
专栏15	林业贴息贷款助推云南林业产业全面发展	75
专栏16	国家储备林贷款首次超过中央造林投资规模	79
专栏17	福建省出台《关于进一步加强乡镇林业工作站建设的意见》	103
专栏18	共同推进京津冀协同发展林业生态率先突破框架协议	111
专栏19	振兴东北地区等老工业基地林业工作进展情况	122
专栏20	2016年野生动植物进出口管理	164
专栏21	"一带一路"沿线国家林产品进出口	165

A P1-16
摘要

摘 要

1. 森林质量稳步提升，生态建设成效显著

造林绿化任务完成 2016年，全国共完成造林面积720.35万公顷，全面完成造林任务。义务植树尽责形式多样，参加义务植树人数达5.7亿人次，共植树20.3亿株（含折算株数）。城市建成区绿地面积达197.1万公顷，绿地率达36.4%。林业重点生态工程完成造林面积250.55万公顷，其中，天然林资源保护工程、退耕还林工程、京津风沙源治理工程和三北及长江流域等防护林建设工程造林分别占全部造林面积的6.76%、9.49%、3.19%和15.34%。完成国家储备林基地建设任务82.48万公顷。

森林质量精准提升力度加大 2016年，完成森林抚育任务850.04万公顷，退化林修复99.11万公顷，与2015年相比，分别增长8.80%、34.06%。林种、树种结构进一步优化，新造和改造混交林面积85.65万公顷。持续推进森林经营示范样板建设，新增5个全国森林经营样板基地，加大多功能森林经营理念和技术的示范推广。

防沙治沙步伐加快 2016年，完成沙化土地治理面积233.94万公顷。推进沙化土地封禁保护区补助试点建设，新增试点县10个，封禁保护面积达133.24万公顷；印发了《国家沙漠公园发展规划（2016－2025年）》，新增国家沙漠（石漠）公园试点15个。四部委印发《岩溶地区石漠化综合治理工程"十三五"建设规划》。

湿地保护增强 2016年，国家做出了湿地保护的顶层设计，印发了《湿地保护修复制度方案》，从完善湿地分级管理体系、实行湿地保护目标责任制、健全湿地用途监管机制、建立退化湿地修复制度、健全湿地评价体系五个方面提出了湿地保护的具体政策措施。中央财政安排资金16亿元，实施补贴项目334个。新批准建立国家湿地公园试点134处,新增湿地公园(试点)面积34.3万公顷,

摘　要

新增湿地保护面积 21.0 万公顷，新增通过验收的国家湿地公园 76 处。

生物多样性保护成效明显　2016 年，林业系统自然保护区增加 73 处；组织实施野生动物野外巡护、栖息地维护改造、救护繁育等重点项目，继续优化华南虎、朱鹮、金丝猴、长臂猿等物种人工繁育配对，安排了 30 余种珍稀濒危野生动物人工繁育项目；继续实施珍稀濒危野生动物野化训练和放归自然工作；开展华盖木等野生植物回归自然试验，对近 30 种极小种群野生植物开展了野外救护与繁育。

2. 林业产业规模继续加大，产出能力增强

产值继续较快增长　2016 年林业产业总产值达到 6.49 万亿元（按现价计算），比 2015 年增长 9.30%。其中，第一、二、三产业分别增长 6.99%、7.32%、20.77%。中、西部地区林业产业增长势头强劲，增速分别达到 16.12% 和 13.46%。林业产业总产值前十位的省份分别是广东、山东、广西、福建、江苏、浙江、湖南、江西、安徽、四川。

产业结构略有优化　林业三次产业的产值结构由 2015 年的 34∶50∶16 调整为 2016 年的 33∶50∶17，以林业旅游与休闲为主的林业服务业所占比重逐年提高。

产量增加，服务提升　2016 年，商品材有所增加，非商品材有所减少。全国商品材总产量为 7 775.87 万立方米，比 2015 年增长 7.73%；非商品材总产量为 2 357.82 万立方米，比 2015 年减少 20.39%。各类经济林产品产量稳定增长，达 1.80 亿吨，比 2015 年增长 3.45%。人造板总产量 30 042.22 万立方米，木竹地板产量 8.38 亿平方米。木竹热解产品产量 176.67 万吨，比 2015 年增长 8.35%；木质生物质成型燃料产量 81.03 万吨，比 2015 年增长 67.04%。全国林业旅游与休闲人数达 26.09 亿人次。联合举办了 7 个与林业产业相关的博览会，参观人数达 120.6 万人次，交易金额 103.8 亿元。

摘 要

3. 生态服务载体丰富，生态文明宣传力度加大

2016年，全国绿化委员会、国家林业局授予吉林省长春市等22个城市"国家森林城市"称号。截至2016年，全国已有118个城市被授予"国家森林城市"称号，开展省级森林城市创建活动的省份由13个增加到26个。各地生态服务基础设施建设继续推进，古树名木保护活动逐步深入。国家林业局印发《中国生态文化发展纲要（2016－2020年）》。各主要新闻单位和网站共刊播生态文明建设报道1.2万多条（次），各媒体刊发国家林业局领导专访33篇。《中国绿色时报》等中央林业报刊和各省林业报刊成为林业工作宣传的重要阵地。社会公众的生态文明理念逐步提升，青少年生态文明教育继续向"注重体验、注重参与"的方向发展，越来越多企业主动参与生态公益活动。

4. 林业改革步伐加快，改革取得重大进展

国有林区改革进入实质性阶段 2016年，国家批复了吉林省、黑龙江省和大兴安岭林业集团公司省级国有林区改革实施方案，标志着重点国有林区改革进入了实质性推动阶段。重点国有林区全面停伐后，多渠道安置富余职工，共安置职工6万余人。其中，内蒙古将1.6万名富余职工全部转岗到森林管护等一线岗位，吉林省安置富余职工1.8万人，龙江森工安置富余职工3万余人，大兴安岭安置富余职工0.54万人。推进"四分开"改革，内蒙古森工社会管理职能全部剥离，移交机构22个，涉及人员4 369人、资产6.05亿元。吉林省重点林区的教育、公检法等社会职能已剥离完成，龙江森工集团承担的公检法移交完成，教育、公安纳入财政预算。2016年，中央安排224亿元用于支持国有林区改革。为解决东北、内蒙古重点国有林区金融债务，对天然林资源保护工程一期以后新增与停伐相关的金融债务130亿元，财政部从2017年起，每年安排贴息补助6.37亿元，补助到天然林资源保护工程二期结束的2020年。

国有林场改革加快推进 2016年，31个省（自治区、直辖市）

摘 要

的省级改革实施方案全部获得国家批复,并全部出台了省级改革实施方案。截至2016年,国有林场改革所涉及的市、县已有近1/3完成了市、县改革实施方案的审批。完成了河北、浙江、江西、山东、湖南、甘肃6省的改革试点工作验收。国家林业局、国家发展和改革委员会同中央机构编制委员会办公室、财政部等8个部委组成了16个督查组,对河北等24省(自治区、直辖市)进行了改革专项督察,有效推动了改革主体责任落实,加快了改革进程。中央财政落实国有林场改革补助133.8亿元。广东、湖北、宁夏新成立了单独的省级国有林场管理机构,吉林、河南、云南加挂了国有林场机构牌子,相应增加了处级领导职数和人员编制。北京等8省(直辖市)的国有林场全部定性为公益性事业单位。全国国有林场的天然林商业性采伐全面停止,全年减少天然林消耗量556万立方米。

集体林权制度改革进一步深化 2016年11月16日,国务院办公厅印发了《关于完善集体林权制度的意见》。至2016年底,除上海和西藏以外,全国29个省(自治区、直辖市)确权集体林地面积27.05亿亩,发证面积累积达26.41亿亩,发放林权证1.01亿本,约5亿农民获得了集体林地承包经营权。积极培育新型林业经营主体,评定了348家全国林业专业合作社示范社、117家林业专业合作社入围2016年国家农民合作社示范社评选,85家农民林业专业合作社纳入国家林下经济示范基地建设支持范围。28个省(自治区、直辖市)出台了林下经济发展规划和支持林下经济发展的意见。

大熊猫、东北虎豹两个国家公园体制试点方案获批复 2016年12月5日,中央全面深化改革领导小组第三十次会议审议通过了《大熊猫国家公园体制试点方案》和《东北虎豹国家公园体制试点方案》。大熊猫国家公园试点区面积2.71万平方千米,覆盖了现有野生大熊猫种群数量的86.59%。东北虎豹国家公园试点区面积1.46万平方千米,覆盖了我国东北虎豹野生种群总数量的75%以上。2016年,9个国家公园体制试点方案获得国家批复。

摘 要

5.林业政策进一步完善，林业法制建设加强

林业新政策颁布实施 2016年，国家林业局印发了《关于规范集体林权流转市场运行的意见》，进一步规范和促进林权流转。在天然林资源保护方面，国家明确集体和个人所有的天然林协议停止商业性采伐，将福建、广西等重点省（自治区）集体和个人天然林停伐纳入补助试点，进一步扩大天然林资源保护范围。在沙化土地修复保护方面，国家林业局印发《沙化土地封禁保护修复制度方案》，提出要实行严格的保护制度、建立沙化土地修复制度、建立多元化投入机制、推行地方政府责任制等。在林业精准扶贫方面，国家明确从八个方面推进产业扶贫。加强贫困地区生态保护和产业发展促进精准扶贫和精准脱贫，2016年，在中西部21个省（自治区、直辖市）的建档立卡贫困人口中，选聘了28.8万名生态护林员，中央财政安排20亿元用于购买生态服务，精准带动108万人脱贫，实现了生态保护与精准脱贫双赢。在林业投融资创新方面，国家提出，在林业重大生态工程、国家储备林建设、林区基础设施建设、林业保护设施建设和野生动植物保护及利用等重点领域实施政府和社会资本合作模式。发挥政策性和开发性金融作用支持林业发展。在林业改革资金管理方面，财政部、国家林业局印发《林业改革发展资金管理办法》，明确中央财政预算安排用于森林资源管护、森林资源培育、生态保护体系建设、国有林场改革、林业产业发展等支出方向的专项资金有关规定。建立起由林业、财政、金融部门共同参与、分工协作的林业贴息贷款联合监管机制，林业贴息贷款监督管理进一步加强。

林业法制建设进程加快 2016年，《中华人民共和国野生动物保护法》由中华人民共和国第十二届全国人民代表大会常务委员会第二十一次会议修订通过；公布4件部门规章，共建立了21个基层立法联系点。2016年，全国共发生林业行政案件19.66万起，查处19.48万起，案件发现总量较2015年减少575起，下降0.29%。全国森林公安机关共立案侦查森林和野生动物刑事案件2.98万起，打

摘　要

击处理违法犯罪人员2.90万人次，收缴林木7.29万立方米、野生动物26.79多万（头）只，全部涉案价值达20.88亿元。国家林业局开展了"2016打击破坏野生动物资源违法犯罪活动专项行动""净网行动""严厉打击非法占用林地等涉林违法犯罪专项行动"等一系列专项行动，有力地遏制了涉林违法犯罪高发势头及破坏野生动植物等自然资源的违法犯罪行为。2016年，国家林业局本级共依法办理林业行政许可事项4 553件，其中，准予许可4 282件，不予许可等271件。

6. 林业投资渠道拓宽，重点突出

2016年，中国经济下行压力持续加大，中央财政收入增速继续回落，但全国林业建设投资仍实现较高增速，主要原因包括新增了国家公园、生态护林员、国有林区防火应急道路等资金投入渠道，启动了国家级自然保护区和湿地保护大项目建设试点等。全国林业完成投资4 509.57亿元，比2015年增长5.11%。其中，国家预算资金2 151.73亿元，占全年完成投资的47.71%。用于生态建设与保护的投资为2 110.00亿元，占全部林业投资完成额的46.79%；用于林木种苗、森林防火、有害生物防治、民生保障等林业支撑与保障的投资为403.38亿元，用于林业产业发展的资金为1 741.93亿元，其他资金254.26亿元，在林业投资完成额中所占比重依次为8.94%、38.63%和5.64%。

7. 林业支撑保障能力增强，体系逐步完善

森林资源管理加强，资源监督进一步强化　2016年，各级林业主管部门严格执行《建设项目使用林地审核审批管理办法》等规定，按照林地保护利用规划审核审批建设项目使用林地。出台了《国家林业局关于进一步加强森林资源监督工作的意见》，森林资源监督工作机制不断创新，黑龙江、大兴安岭等8个森林资源监督专员办事处与监督区的省级人民检察院建立了联合工作机制。全国共审核审批建设项目使用林地2.74万项，使用林地面积18.62万公顷，收

摘　要

取植被恢复费189.32亿元。

林业种苗管理规范，防控森林火灾能力明显提高　2016年，国家林业局印发《林木种质资源普查技术规程》，出台《国家林木种质资源库管理办法》，确定了第二批86处国家林木种质资源库。批复了172个国家重点林木良种基地"十三五"发展规划，考核了国家重点林木良种基地工作，开展了国有苗圃普查工作。成立了"国家林木种子资源设施保存库"建设领导小组和专家咨询组，审议通过了项目建议书。出台了《森林防火视频监控技术规范》《森林火险预警信号分级及标识》等18项林业行业标准。中央基本建设投资14亿元，启动了东北、内蒙古国有林区森林防火应急道路和无人机试点建设项目。全国共发生森林火灾2 034起，发生次数逐年降低，其中，一般火灾1 340起、较大火灾693起、重大火灾1起。

林业有害生物防治成效明显，野生动物疫源疫病监测防控有序推进　2016年，全国31个省（自治区、直辖市）人民政府印发了贯彻落实《国务院办公厅关于进一步加强林业有害生物防治工作的意见》的文件。督促各地加快推进落实《2015－2017年重大林业有害生物防治目标责任书》。全国主要林业有害生物发生1 211.34万公顷，属偏重发生状态。全国完成林业有害生物防治面积833.82万公顷，主要林业有害生物成灾率控制在4.5‰以下，无公害防治率达到85%以上。2016年，将野生动物疫病检测预警体系建设作为重要内容，纳入国家突发事件应急、生物安全战略、生态安全保障等政策体系，完善了《国家突发野生动物疫情应急预案》等规章制度及印发了相关文件，完成监测防控信息管理系统和移动采集系统的功能优化和推广应用准备工作。全国共报告野生动物异常情况86起，死亡野生动物51种6 818只（头）。

林业安全生产和科技创新加强，林业教育改革成果丰富　2016年，强化林业安全生产，印发了《林业行业遏制重特大事故工作方案》和《国家林业局关于进一步加强汛期林业安全生产工作的通知》，组

摘 要

织开展了林业行业危险化学品安全专项整治活动，加大对国有林区、国有林场、林业自然保护区、森林公园、湿地公园、沙漠公园等有关地区和单位安全生产工作的指导力度，明确了企业安全生产主体责任，督促14个省（自治区、直辖市）编制完善了省级林业部门安全生产应急预案。召开了全国林业科技创新大会，部署了"十三五"林业科技创新的思路和重点任务。国家林业局成立了林业科技创新领导小组，统筹各方资源推进林业科技创新。出台了《国家林业局关于加快实施创新驱动发展战略 支撑林业现代化建设的意见》，发布了《林业科技创新"十三五"规划》《林业标准化"十三五"发展规划》和《主要林木育种科技创新规划（2016－2025）》3项规划。共发布林业重点科技成果100项。推广木本粮油、林特资源等六大类先进实用技术443项。2016－2017学年，全国林业教育毕业研究生7 085人、本科毕业生5.01万人、高职（专科）毕业生4.41万人、中职毕业生4.73万人。国家林业局启动了高等职业学校第一批7个林业类专业教学标准修（制）订工作。干部教育培训规范化建设得到加强，干部教育培训信息化建设稳步推进，重点人员培训进一步强化。林业行业职业资格许可和认定得到进一步清理和规范，职业技能鉴定规模有所调整。全年78个涉林职业（工种）2.94万人通过林业行业职业技能鉴定，获取人力资源社会保障部颁发的《职业资格证书》。

林业信息化成效显著，大数据建设加强 2016年，林业信息化首抓顶层设计，全面启动"互联网＋"林业建设，推动信息化与林业深度融合，形成了智慧化发展长效机制和高效高质发展新模式，取得多项成果，为"十三五"林业信息化建设打下坚实基础。完成《中国林业大数据发展战略研究》，印发了《中国林业大数据发展指导意见》，推进生态建设智慧共治，推动林业产业转型升级。国家林业局与国家发展和改革委员会签署《关于联合开展生态大数据应用与研究工作的战略合作协议》，全面启动"一带一路"、京津冀

摘 要

协同、长江经济带林业数据共享平台建设。发布《长江经济带林业数据资源协同共享工作机制》《京津冀一体化林业数据资源协同共享工作机制》《京津冀生态信息资源共享管理暂行办法》。

林业工作站建设稳步推进，森林公园建设取得进展 2016年，发布了《全国林业工作站"十三五"发展建设规划》，对"十三五"林业工作站发展建设做出了整体规划。按照《标准化林业工作站建设检查验收办法》规定，对2009－2014年完成建设任务的904个林业工作站进行了核查，有860个林业工作站达到合格标准。全国共有444个林业工作站新建了办公用房，644个站配备了通讯设备，409个站配备了机动交通工具，1 103个站配备了计算机。全国有10 397个林业工作站受委托行使林业行政执法权。全国完成林业工作站基本建设投资4.60亿元，新建乡（镇）林业工作站197个。2016年，全国新建森林公园158处，共投入建设资金537.95亿元。

8. 区域林业持续发展，各具特色

2016年，"一带一路""长江经济带"和"京津冀区域"林业发展力度持续增强，传统的东、中、西和东北各区域间及区域内的林业发展更趋均衡，东北国有林区改革进入全面实施阶段。

国家发展战略下的区域林业 2016年，"一带一路"战略林业合作成果显著。坚持共商、共建、共享绿色丝绸之路，聚焦重点地区、重点国家、重点项目，着力推进"一带一路"建设林业合作。编制了《丝绸之路经济带和21世纪海上丝绸之路建设林业合作规划》，搭建了"一带一路"林业贸易与投资合作平台。

2016年，长江经济带发展全面推进。长江经济带"共抓大保护"生态修复工作加快开展，全面落实《长江经济带森林和湿地生态系统保护与修复规划（2016－2020年）》和《长江沿江重点湿地保护修复工程规划（2016－2020年）》。国家林业局与国家发展和改革委员会联合出台了《关于加强长江经济带造林绿化的指导意见》，安排中央林业资金360多亿元。

摘 要

2016年,"京津冀协同发展"林业生态率先突破,工作取得成效。国家林业局会同京津冀三省(直辖市)共同签订了《共同推进京津冀协同发展林业生态率先突破框架协议》,加强顶层设计和协同合作;针对区内的天然林资源保护、湿地保护和修复、自然保护区建设、重点生态修复工程建设等方面加大资金投入;京津冀所涉及的北京、天津及河北纳入《国家储备林建设规划》建设范围;科技支撑助力区内协同发展。

传统区划下的区域林业 东部地区包括北京、天津、河北、山东、上海、江苏、浙江、福建、广东、海南10省(直辖市),是我国重要的林业经济发展优势区域。该区林业产业发达,单位森林面积产出能力较强。2016年,区内林业产业总产值为30 133.10亿元,比2015年增长7.15%,占全国林业产业总产值的46.44%;人造板产量为17 785.93万立方米,占全国的59.20%;竹木地板产量为52 225.17万平方米,占全国的62.32%;单位森林面积实现林业产业产值92 747.19元/公顷,是全国平均水平的2.87倍。中部地区包括山西、河南、湖北、湖南、江西、安徽6省,木本油料和木本药材种植成为该区的特色与优势。2016年,区内林业产业总产值15 739.96亿元,比2015年增长16.12%,占全国林业产业总产值的24.25%;木本油料和木本药材产品占全国总产量的33.14%和29.06%;区内油茶林面积262.94万公顷,占全国的65.59%。西部地区包括内蒙古、广西、重庆、四川、贵州、云南、西藏、陕西、甘肃、青海、宁夏、新疆12个省(自治区、直辖市),是我国造林的主战场。2016年,该区共完成造林面积379.42万公顷,占全国造林总面积的52.67%,内蒙古的造林面积达61.85万公顷,名列全国首位。东北地区包括辽宁、吉林、黑龙江3省,国有林区135个森工局有82个分布在该区,国有林业经济比重较高。2016年,区内完成林业投资296.26亿元,其中国家投资占94.26%;该区森林食品占全国总产量的24.03%,是我国森林食品的主产区;该区的林业在岗职工年平均

摘　要

工资 34 655 元，是全国林业系统在岗职工年平均工资的 74.19%，为各区最低。

9. 林业开放成果丰富，履约尽责

2016 年，政府间部门合作深入开展。5 项林业相关工作被纳入中美战略与经济对话成果清单；中俄两国召开了中俄林业工作组第八次会议、中俄林业投资政策论坛、中俄边境地区森林防火联防第四次会晤和中俄兴凯湖保护混委会第二次会议等，重新签署了《中俄林业合作谅解备忘录》；推进与沿线国家交流合作，促成中国—中东欧国家林业合作会议通过 16+1 林业合作行动计划，与柬埔寨、越南签署林业合作协议；召开了中欧森林执法与治理双边协调机制第七次会议；深化双边林业务实合作，组织高级别对话活动 60 余场，新签署政府部门间合作协议 10 份，召开双边和区域机制性会议 18 个。2016 年，中国政府履行林业国际公约，派团参加《濒危野生动植物种国际贸易条约》《联合国防治荒漠化公约》《湿地公约》《联合国气候变化框架公约》和《国际植物新品种保护公约》等国际公约会议，阐述中国政府立场，维护国家利益；按照公约要求开展履约活动，实施履约合作项目，取得丰富成果。

10. 林产品进出口小幅下降，贸易顺差微幅缩小；木材产品市场总供给（总消费）低速增长；原木与锯材产品价格水平环比稳中微涨、同比下跌

2016 年，林产品出口 726.77 亿美元、进口 624.26 亿美元，分别比 2015 年下降 2.14% 和 1.85%，在全国商品出口额与进口额中的占比分别为 3.46% 和 3.93%。林产品贸易顺差为 102.51 亿美元，比 2015 年缩小了 4.08 亿美元。

2016 年，木材产品市场总供给为 55 777.69 万立方米，比 2015 年增长 1.10%。其中，国内商品材产量为 7 775.87 万立方米，木质刨花板和纤维板折合木材（扣除与薪材供给的重复计算）15 359.74 万立方米，农民自用材和烧柴产量 3 072.59 万立方米，进口原木及

摘 要

其他木质林产品折合木材 28 374.74 万立方米，上年库存、超限额采伐等形式形成的木材供给为 1 194.76 万立方米。木质林产品进口中，原木进口 4 872.47 万立方米，比 2015 年增长 9.32%，锯材进口 3 152.64 万立方米，比 2015 年增加 18.53%。胶合板、纤维板和刨花板的进口量分别为 19.61 万立方米、24.10 万立方米和 90.31 万立方米，分别比 2015 年增加 18.20%、9.30% 和 41.35%；木家具进口 9.62 亿美元，比 2015 年增长 9.07%；木浆进口 2 101.91 万吨，比 2015 年增长 6.20%；纸和纸制品（按木纤维浆比例折合值）进口 309.17 万吨，比 2015 年增长 3.54%；废纸进口 2 849.84 万吨，比 2015 年减少 2.68%。

2016 年，木材产品市场总消费为 55 777.69 万立方米，比 2015 年增长 1.10%。其中，工业与建筑用材消耗量为 42 988.36 万立方米，农民自用材（扣除农民建房用材）和烧柴消耗量为 2 452.66 万立方米，出口原木及其他木质林产品折合 10 336.67 万立方米。木质林产品出口中，原木出口 9.46 万立方米，锯材（不包括特形材）出口 26.20 万立方米，比 2015 年下降 9.15%。胶合板、纤维板和刨花板的出口量分别为 1 117.30 万立方米、264.92 万立方米和 28.82 万立方米，与 2015 年比，胶合板和刨花板出口分别增长 3.77% 和 13.29%，纤维板出口下降 12.13%；木家具出口 222.09 亿美元，比 2015 年下降 2.82%；纸和纸制品（按木纤维浆比例折合值）出口 942.25 万吨，比 2015 年增长 12.73%。

2016 年，木材产品（原木与锯材）总体价格水平，环比除 2 月和 10 月下跌外，其余月份持续上涨，涨幅为 0.19% ~ 1.56%，同比除 12 月外，其他各月较大幅度下跌，跌幅为 0.09% ~ 9.97%，但跌幅逐月收窄；木材进口价格综合指数由 1 月的 104.2% 持续降至 4 月的 99.2%，随后涨跌交替波动上涨至 12 月的 109.0%。

2016 年，非木质林产品出口 186.54 亿美元，比 2015 年增长 3.84%，占林产品出口额的 25.67%；进口 206.30 亿美元，比 2015 年

摘　要

下降 5.98%，占林产品进口额的 33.05%。

2016 年，出口市场仍以美国为主，市场集中度小幅提高；进口则维持以美国、东盟国家、俄罗斯、加拿大为主的市场格局，市场集中度略有下降。按市场份额，前 5 位出口贸易伙伴依次是美国（22.80%）、中国香港（9.01%）、日本（7.33%）、越南（4.19%）、英国（4.11%）；前 5 位进口贸易伙伴分别为美国（13.10%）、泰国（9.72%）、印度尼西亚（8.58%）、俄罗斯（7.38%）、加拿大（6.50%）。

B
P17-32

生态建设

- 造林绿化
- 森林质量
- 防沙治沙
- 湿地保护
- 生物多样性保护
- 国家林业重点生态工程

生态建设

2016年，全国绿化任务全面完成，义务植树尽责形式多样，各地区、各部门绿化步伐加快，森林质量提升任务大幅增长，国家沙化土地封禁保护试点县增加，国家沙漠公园试点继续推进，湿地保护修复制度方案出台，林业系统自然保护区建设进一步加快，生物多样性保护得到加强，国家林业重点工程建设扎实推进。

（一）造林绿化

造林绿化任务　2016年，认真贯彻落实习近平总书记关于"着力推进国土绿化"指示精神，召开了加快推进国土绿化现场会。全国共完成造林面积720.35万公顷（1.08亿亩），其中，人工造林382.37万公顷，飞播造林16.23万公顷，新封山育林195.36万公顷，退化林修复99.11万公顷，人工更新27.28万公顷，飞播造林和退化林修复分别比2015年增长26.40%、34.06%（图1）。按照林业"十三五"规划确定的营造林总任务，创新营造林生产计划管理，编制下达三年滚动计划，2016-2018年年均安排造林任务1亿亩，2016年造林任务超额完成。四旁（零星）植树18.31亿株；全国育苗面积140.74万公顷。西部12省（自治区、直辖市）共完成造林面积379.42万公顷，占全部造林面积的52.67%。河北、内蒙古、湖南、四川、重庆、广东、贵州等省（自治区、直辖市）开展系列大规模国土绿化活动，实施地方生态建设重点工程，加快了造林绿化步伐。

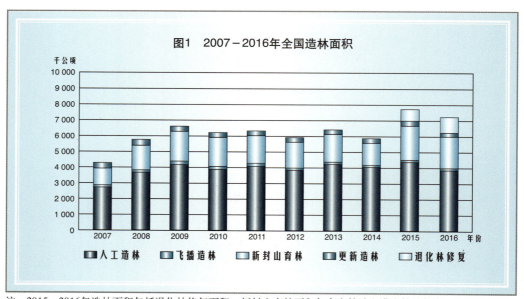

注：2015-2016年造林面积包括退化林修复面积，新封山育林面积包含有林地和灌木林地封育，飞播造林面积包含飞播营林。

义务植树 2016年，全民义务植树尽责形式多样，包括参加义务植树劳动、认建认养、植纪念树建纪念林、抚育管护树木、捐资造林绿化、参加绿化宣传等。全国以各类尽责形式参加义务植树人数达5.7亿人次，共植树20.3亿株（含折算株数）。创建了全民义务植树网，开通了全民义务植树微信公众号，积极推行"互联网+义务植树"试点。

组织开展了重大植树活动。4月5日，中共中央总书记、国家主席、中央军委主席习近平等中央领导参加首都义务植树活动。中共中央政治局常委，在京中共中央政治局委员、中央书记处书记、国务委员等参加了首都义务植树活动；全国绿化委员会、国家林业局、首都绿化委员会举办了以"保护发展森林 共享绿水青山"为主题的2016年"国际森林日"植树纪念活动。来自有关国际组织和部分国家驻华使馆的代表，中央和北京市、区相关部门的干部职工及当地群众、人民解放军官兵参加了植树劳动；全国绿化委员会、中共中央直属机关绿化委员会、中央国家机关绿化委员会、首都绿化委员会举办了以"开展大规模国土绿化 加快林业现代化进程"为主题的共和国部长义务植树活动。来自中央直属机关、中央国家机关各部委、单位和北京市的150名省部级领导干部参加了义务植树活动，共栽植苗木1 400余株。自2002年开展此项活动以来，2016年已经是第十五次，累计有2 607人次参加义务植树，共栽植苗木31 500多株。

部门绿化 2016年，交通运输系统完成公路绿化里程10.3万千米；铁路系统栽植乔木234.4万株、灌木571.3万穴，完成运营铁路绿化里程4.6万千米，线路可绿化地段绿化率达83.3%；水利系统坚持以小流域为单元，加大林草植被建设力度，推进生态自然修复。完成水土流失综合治理5.4万平方千米，实施封育保护1.6万平方千米；农垦系统新建农田林网9 730公顷，绿化垦区矿山184公顷，绿化庭院7 110公顷，绿化道路2 901千米，绿化江河沿岸614千米；教育部门将校园绿化基础设施建设纳入学校整体规划，全国各级各类学校绿化用地面积占学校总面积的比例达22.9%；中国人民解放军与驻地群众共同开展春秋季植树绿化，共出动兵力60余万人次、动用机械车辆2.5余万台次，种植乔灌木480余万株，种草300余万平方米，造林绿化面积达5 300公顷；武警部队种植乔灌木约30万株；中直、中央国家机关各单位全年新栽、更新乔灌木79.3万株，新增、改建绿地面积49.7万平方米。

城镇绿地建设 2016年，城市建成区绿地面积达197.1万公顷，绿地率达36.4%；全国城市建成公园绿地面积达64.1万公顷，较2015年增加3.5万公顷；全国城市建成区人均公园绿地面积达13.5平方米，较2015年增加0.34平方米。园林绿化与道路、交通等市政基础设施同步规划建设，人均公园绿地面积等指标稳步提高。

> **专栏1　中央财政造林补贴国家级核查**
>
> 为准确掌握全国中央财政造林补贴试点成效，国家林业局完成了对2013年中央财政造林补贴国家级核查工作。核查以省级验收数据为基础，抽查了山西、辽宁、浙江、河南、陕西、青海、宁夏等7省的32个县57个乡级单位，共399个小班，面积39 608亩。2016年核查结果显示，除陕西外其余6省完成率均在96%以上。

（二）森林质量

2016年，《全国森林经营规划（2016—2050年）》和《"十三五"森林质量精准提升工程规划》相继编制印发，明确了未来35年我国森林质量提升的目标任务、战略布局、经营策略和"十三五"期间森林质量提升的重点任务和项目。

1. 森林抚育

2016年，全国完成森林抚育850.04万公顷，比2015年增长8.80%（图2）。

图2　2007—2016年全国森林抚育面积

> **专栏2　中央财政森林抚育补贴国家级抽查结果**
>
> 根据《森林抚育检查验收办法》，国家林业局完成了2015年度中央财政森林抚育补贴国家级抽查，共抽查了191个县级单位、2014个抚育小班，抽查面积38 694.27公顷。抽查结果显示，全国森林抚育补贴面积核实率98.8%，核实面积合格率98.2%，作业设计合格率93.7%，森林抚育质量保持高水平。开展了2014—2015年度森林抚育补贴资金稽查，9个受查省级单位资金到位率100%，但也存在资金滞拨、进度缓慢、扩大开支范围、会计核算不规范、大额使用现金支付等问题，针对检查出的问题，检查组提出了整改意见，确保资金安全和使用效益。

2. 退化林修复

2016年，全国完成退化林修复面积99.11万公顷，比2015年增长34.06%。森林可持续经营试点在12个试点单位建立不同类型的模式林30多处、示范林20多处，共3万多公顷，建设退化竹林改造示范基地333多公顷。其中，东北、内蒙古重点国有林区的5个试点单位试点合计作业面积8 943公顷，消耗蓄积20.3万立方米，基本上都是残次材和小径材，确保森林质量提质增效。

3. 林种、树种结构

混交林 2016年，混交林在人工造林和退化林修复的任务中继续得以优先安排，新造和改造混交林面积85.65万公顷。其中，新造混交林76.55万公顷，占全部人工造林面积的20.02%，纯林改造混交林面积4.63万公顷，人工更新新造混交林面积4.48万公顷。防护林所占人工造林比重最大，占全部造林面积的44.65%。

珍贵树种 2016年，全国18个省（自治区、直辖市）的84个单位建设珍贵

专栏3 《全国森林经营规划(2016-2050年)》森林质量提升目标

《全国森林经营规划（2016-2050年）》（以下简称《规划》）明确了未来35年我国森林经营的基本要求、目标任务、战略布局、经营策略和保障措施，是指导全国森林经营工作的纲领性文件。《规划》分近期和远期两个阶段，近期为2016-2020年，远期为2021-2050年。

到2020年，基本建立有中国特色的森林经营理论、技术、政策、法律和管理体系，全面推进森林可持续经营。全国森林覆盖率达到23.04%以上，森林蓄积达到165亿立方米以上，每公顷乔木林蓄积量达到95立方米以上，每公顷乔木林年均生长量达到4.8立方米以上。混交林面积比例达到45%以上，珍贵树种和大径级用材林面积比例达到15%以上。森林植被总碳储量达到95亿吨以上，森林每年提供的主要生态服务价值达到15万亿元以上。森林经营示范区每公顷乔木林蓄积量达到150立方米以上，每公顷乔木林年均生长量达到7立方米以上。

到2050年，全面建成有中国特色的森林经营理论、技术、政策、法律和管理体系，中国森林经营进入世界先进国家行列。全国森林覆盖率稳定在26%以上，森林蓄积达到230亿立方米以上。每公顷乔木林蓄积量达到121立方米以上，每公顷乔木林年均生长量达到5.2立方米以上。混交林面积比例达到65%以上，珍贵树种和大径级用材林面积比例达到40%以上。森林植被总碳储量达到130亿吨以上，森林每年提供的主要生态服务价值达到31万亿元以上。森林经营示范区每公顷乔木林蓄积量达到260立方米以上，每公顷乔木林年均生长量达到8.5立方米以上。

树种示范基地11.8万亩。其中，新造7.0万亩，改培4.8万亩，主要培育树种有福建柏、楠木、杜英、厚朴、鹅掌楸、黄波罗、樟子松、降香黄檀、香榧、枫香、桢楠、花榈木、紫楠、闽楠等60余种。

4. 森林经营

2016年，认真贯彻落实习近平总书记关于"着力提高森林质量"的重要指示精神，印发了《全国森林经营规划（2016－2050年）》；召开了全国森林质量提升工作会；举办了4期森林经营管理技术培训；开展了全国森林经营样板基地建设中期评估。增补5个样板基地，全国森林经营样板基地达到20个；进一步优化样板基地布局，示范样板体系更加完善；依托20个全国森林经营样板基地，总结提炼出10个主要森林类型的7类森林作业法、84种森林质量提升技术模式，通过加强抚育经营，优化森林结构，提升森林质量。

（三）防沙治沙

2016年，全年完成沙化土地治理面积233.94万公顷。科学推进沙化土地封禁保护区补助试点建设和国家沙漠公园试点建设工作，分别新增试点10个和15个。

国家沙化土地封禁保护补助试点 2016年，全国试点县总数已达71个，新增沙化土地封禁保护区试点县10个，封禁保护总面积已达133.24万公顷。为确保试点任务按时保质完成，对有关省（自治区、直辖市）林业厅和71个试点县的管理人员进行专题培训，并实时跟踪沙化土地封禁保护区补贴试点建设进展情况。

国家沙漠公园试点 2016年，印发了《国家沙漠公园发展规划（2016－2025年）》，河北、山西、内蒙古、辽宁、吉林、黑龙江、江苏、安徽、山东、河南、四川、云南、陕西、甘肃、青海、宁夏、新疆17个省（自治区）及

专栏4 2016年沙尘天气状况及灾害评估

2016年（主要是春季），我国北方地区共发生8次沙尘天气过程，影响范围涉及西北、华北、东北等13省（自治区、直辖市）364个县（市），受影响土地面积约223万平方千米，人口近0.9亿。其中，按沙尘类型分，强沙尘暴1次，沙尘暴2次，扬沙5次；按月份分，3月3次，4月3次，5月2次；按影响范围分，超过200万平方千米的2次，100万～200万平方千米的5次，100万平方千米以下的1次。据不完全统计，2016年3－5月北方地区受大风和沙尘灾害影响，造成的直接经济损失约1.66亿元。总体而言，今春沙尘天气次数较少，强度较弱，影响范围较小；次数少于2015年同期（11次），强度偏弱，次数和强度均低于近15年（2001－2015年）同期均值。

新疆生产建设兵团共440个县（市、区）被划为重点规划区，规划重点建设国家沙漠公园359个（包括已批复建设的沙漠公园）。截至2016年底，国家沙漠（石漠）公园总数达70个，涉及11个省（自治区）及新疆生产建设兵团。其中，新批复国家沙漠（石漠）公园试点15个，涉及河北、山西、湖南、甘肃、宁夏、新疆6个省（自治区）。

（四）湿地保护

2016年，出台了《湿地保护修复制度方案》（以下简称《方案》）。《方案》从完善湿地分级管理体系、实行湿地保护目标责任制、健全湿地用途监管机制、建立退化湿地修复制度、健全湿地评价体系五个方面提出了湿地保护的具体政策措施。

湿地资金 2016年，提出了中央财政湿地补贴项目建议方案，中央财政湿地补贴资金由财政部切块下达到省（自治区、直辖市），由各省（自治区、直辖市）自行提出具体项目名单。安排中央财政资金基本与2015年度持平。

中央财政资金：
16亿元
实施补贴项目：
334个

- 湿地生态效益补偿18项，资金3.04亿元；
- 退耕还湿22处，退耕面积20万亩，资金2亿元；
- 湿地保护奖励80个县，资金4亿元；
- 湿地保护与恢复224项，资金6.96亿元。

重要湿地 2016年，我国国际重要湿地达到49处，面积为411.24万公顷，与2015年持平。组织完成国际重要湿地数据更新工作，开展国家重要湿地预警监测数据汇总。

湿地调查监测 2016年，开展国际重要湿地监测15处、湿地生态系统评价15处；完成了71处国家重要湿地确认材料的系统梳理和规范；开展了云南省、贵州省的泥炭沼泽碳库调查；出版了《中国湿地资源》系列图书和《中国湿地资源电子图集》。

湿地公园建设 2016年，新批准建立国家湿地公园试点134处，新增国家湿地公园（试点）面积34.3万公顷，新增湿地保护面积21.0万公顷。新增验收并正式授牌的国家湿地公园76处，取消国家湿地公园试点资格3处。

截至2016年，全国批准建立不同类型、不同级别的湿地公园1 486处，比2015年增加250处，同比增长20.23%；总面积397.2万公顷，保护湿地面积257.8万公顷。其中，国家湿地公园（含试点）836处，面积353.1万公顷，保护湿地232.6万公顷；省级及地方级湿地公园650处，面积44.1万公顷，保护湿地25.2万公顷。截至2016年，国家林业局批准建设的836处国家湿地公园（试点）中，共有174

处国家湿地公园（试点）通过国家验收，正式成为"国家湿地公园"。

（五）生物多样性保护

2016年，我国继续强化对珍稀濒危野生动植物及极小种群野生植物的拯救和保护。

野生动物拯救及保护 2016年，完成"十三五"期间野生动物保护相关规划的编制，起草并完成了东北虎豹和亚洲象工作规划编制和评审。组织实施野生动物野外巡护、栖息地维护改造、救护繁育等重点项目，加强对各级野生动物保护主管部门的指导督促；密切关注暴雨、冰雪、干旱自然灾害等突发事件对野生动物种群的不利影响，及时督促、指导受灾地方采取应急处置措施，提出国家应急处置方案，确保野外种群的安全；巩固珍稀濒危野生动物人工繁育成果，继续优化华南虎、朱鹮、金丝猴、长臂猿等物种人工繁育配对计划，安排了30余种珍稀濒危野生动物人工繁育项目；继续实施珍稀濒危野生动物野化训练和放归自然工作，多省（自治区、直辖市）开展麋鹿放归；开展野生动物损害补偿补助试点的监督检查和研究扩大补偿范围与补偿标准以及引入保险试点工作。

专栏5　大熊猫保护

我国政府高度重视大熊猫保护工作。截至2016年，全国已建立了67处大熊猫自然保护区，形成了以国家级自然保护区为主体、地方级自然保护区为补充的大熊猫栖息地保护网络体系，53.8%的大熊猫栖息地和66.8%的野外大熊猫种群纳入了自然保护区的有效保护，使大熊猫的濒危状况得到一定缓解。截至2016年底，全国人工圈养种群总数达到464只，其中，旅居海外的大熊猫及其幼崽共53只。2016年，全国共繁育大熊猫40胎64只，成活54只（含境外），实现了圈养种群的自我维持。

古树名木保护

2016年，全国绿化委员会印发了《关于进一步加强古树名木保护管理的意见》，提出到2020年的主要目标任务和保障措施。全国绿化委员会办公室在全国先后开展了第二、三批古树名木资源普查试点，山西、吉林、浙江、山东、湖南、北京等13省（自治区、直辖市）列为第二、三批试点省份。开展了"古树名木法规制度体系建设""国外古树名木保护管理经验与成果""古树名木补偿机制及相关政策"和"古树名木保护管理技术标准体系"等4个专题研究。

珍稀濒危和极小种群野生植物拯救及保护 2016年，实施以东北虎豹、亚洲象、藏羚羊、雪豹等珍稀濒危物种为代表，建立一批国家公园，珍稀濒危野生动植物种源救护、繁育基地的拯救保护计划。支持开展华盖木、西畴青冈和漾濞槭等野生植物回归自然的试验示范，对云南蓝果树、景东翅子树、观光木、落叶木莲、盐桦等近30种极小种群野生植物开展了野外救护与繁育。

（六）国家林业重点生态工程

2016年，林业重点生态工程完成投资675.41亿元，比2015年下降4.29%，林业重点生态工程投资占全国林业投资的比重为14.98%，比2015年减少1.47个百分点。各工程共完成造林面积250.55万公顷，占全部造林面积的34.78%，其中，天然林资源保护工程、退耕还林工程、京津风沙源治理工程和三北及长江流域等重点防护林体系建设工程分别为48.73万公顷、68.33万公顷、23.00万公顷和110.50万公顷。各级地方政府、企业及大户等其他造林469.80万公顷，占全部造林面积的65.22%（图3、图4）。

图3　2016年国家林业重点生态工程造林比重

图4　2007－2016年林业重点工程造林与全国造林比较

1. 天然林资源保护工程

2016年，继续实施天然林资源保护二期工程，扩大天然林资源保护范围。

木材产量 2016年，天然林资源保护工程区全面停止天然林商业性采伐，在河北、福建、江西、湖北、湖南、广西、云南等重点省（自治区）集体和个人天然林开展停伐补助试点。天然林资源保护工程区木材产量461.92万立方米，比2015年下降24.10%，占全国木材总产量的5.94%，所占比重进一步减少。其中，人工林木材401.53万立方米，占天然林资源保护工程区木材总产量的86.93%，比2015年提高23.28个百分点（图5）。2016年，东北、内蒙古重点国有林区木材产量14.57万立方米，比2015年减少175.37万立方米，占全国天然林资源保护工程区木材总产量的3.15%，所占比重比2015年继续减少，下降28.06个百分点；长江上游、黄河上中游地区的木材产量447.34万立方米，比2015年增加28.66万立方米，占全国天然林资源保护工程区木材总产量的96.84%。

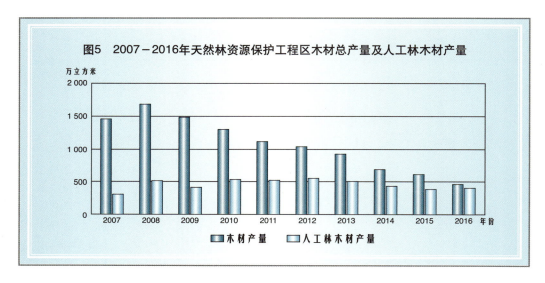

图5 2007－2016年天然林资源保护工程区木材总产量及人工林木材产量

森林管护 2016年，工程区内森林管护面积11 497.17万公顷，其中，国有林7 100.84万公顷，集体和个人所有的国家级公益林2 062.89万公顷，集体和个人所有的地方公益林2 333.44万公顷，分别占全部森林管护面积的61.76%、17.94%和20.30%。

造林与森林抚育 2016年，工程区内共完成造林48.73万公顷。其中，人工造林10.07万公顷，飞播造林7.69万公顷，新封山育林19.93万公顷，退化林修复11.04万公顷。森林抚育182.15万公顷，其中，东北、内蒙古重点国有林区和长江上游、黄河上中游地区分别抚育136.66万公顷和45.49万公顷，分别占总抚育面积的75.03%和24.97%。自1998年工程实施以来，18年间工程已累计完成人工造林359.17万公顷、飞播造林369.24万公顷、新封山育林909.31万公顷。

就业与社会保障 工程区项目实施单位年末人数76.55万人。其中，在岗职工50.65万人，离开本单位保留劳动关系人员24.85万人，其他从业人员1.05万人。在岗职工年平均工资38 928元，比2015年增长10.46%。年末实有离退休人数67.79万人，离退休人员年均生活费28 291元，比2015年增长4.37%。在岗职工参加基本养老保险人数49.46万人，参保比例97.65%，比2015年提高6.01个百分点；在岗职工参加基本医疗保险人数50.14万人，参保比例98.99%，比2015年提高11.06个百分点。

投资 2016年，工程完成投资340.03亿元，比2015年增长13.97%。其中，中央投资333.45亿元，占98.06%，比2015年下降2.93个百分点。工程投资中，营造林、森林管护、生态效益补偿、社会保险、政社性支出和其他的投资分别为67.19亿元、91.66亿元、62.17亿元、56.36亿元、38.49亿元和24.16亿元，与2015年相比，营造林、森林管护、社会保险和政社性支出分别增长122.48%、23.30%、3.63%和0.42%，生态效益补偿和其他支出分别减少1.19%和36.72%。营造林和森林管护两项投资占总投资的46.72%，社会保险和政社性支出占总支出的27.89%（图6）。自1998年实施以来，天然林资源保护工程已累计完成投资2 440.49亿元，其中，国家投资2 206.39亿元，占累计完成投资的90.41%。

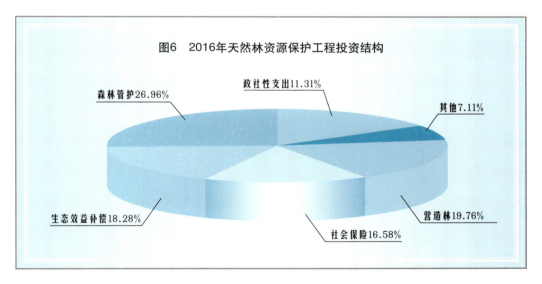

图6　2016年天然林资源保护工程投资结构

2. 退耕还林工程

2016年，新一轮退耕还林还草进入第三年，三年累计下达退耕还林还草任务200.67万公顷。全年共完成造林面积68.33万公顷，其中，退耕地造林55.85万公顷，荒山荒地造林12.44万公顷，新封山育林0.04万公顷（图7）。新一轮退耕还林任务重点向西部地区倾斜，西部12个省（自治区）（含新疆生产建设兵团）共完成退耕地造林49.90万公顷，占全部退耕工程造林的89.35%。

2016年，退耕还林工程全年完成投资236.67亿元。其中，种苗费35.03亿元，完善政策补助107.71亿元，巩固退耕还林成果专项建设资金12.45亿元，新一轮退耕还林补助71.18亿元，其他10.30亿元。

自1999年工程启动以来，退耕还林工程（含京津风沙源治理工程退耕）已累计完成造林2 989.65万公顷。其中，完成退耕地造林1 006.78万公顷，荒山荒地造林1 688.14万公顷，新封山育林294.73万公顷。累计完成投资3 503.51亿元。其中，国家投资3 089.78亿元，占总投资额的88.19%。

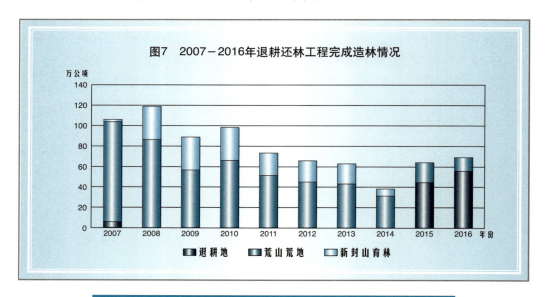

图7　2007－2016年退耕还林工程完成造林情况

专栏6　湖北省恩施市退耕还林工程惠农脱贫

恩施市坚持改善生态与改善民生互利共赢的思路，采取"公司+合作社+基地+退耕户"的经营模式，引导退耕户发展林下经济，以短养长。恩施市2016年已发展林药9万亩、林菌1万亩、林菜2万亩，总产值3亿元，带动2 000户以上贫困户，户均增收4 000元，确保了退耕初期农户收入的增长。龙凤镇8个村建档立卡贫困户3 722户11 801人，通过退耕还林政策兑现、林下套种等途径，有2 146户7 137人实现了脱贫，2016年所有退耕户基本实现整体脱贫。龙凤镇青堡村茶园沟贫困户朱诗广家，25度以上坡耕地退耕还林39.6亩，种上了漆树、核桃和柳杉，目前已兑现政策补助31 680元；另外，10多亩漆树7年开割，进入丰产期后，每亩最少收入1万元，将使他家从根本上摆脱贫困，走上小康之路。

3. 京津风沙源治理工程

京津风沙源治理二期工程自2013年启动实施，工程进展顺利，2016年度建设任务全部完成。

各项建设完成情况　2016年，京津风沙源治理二期工程共完成造林23.00万公顷。其中，人工造林11.92万公顷，飞播造林2.57万公顷，新封山育林7.98万公顷，退化林修复0.53万公顷（图8）。完成工程固沙面积1.23万公顷。2016年，京津风沙源治理工程全面加强，其中，草地治理面积3.48万公顷，小流域治理面积5.46万公顷，建设暖棚89.30万平方米，完成水利配套设施2931处，除水利配套设施减少2.24%外，其他各项分别比2015年增长19.58%、20.79%、34.48%。进一步加强风沙源区的生态移民，分别实施异地搬迁371户936人，比2015减少80.42%、88.65%。

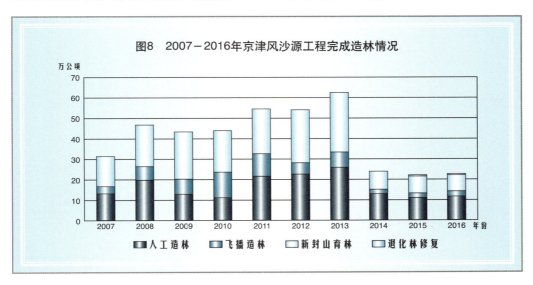

京津风沙源治理工程实施16年来，累计完成治理总面积1 183.99万公顷，其中，林业工程816.36万公顷，草地治理248.21万公顷，小流域治理119.42万公顷。在林业工程中，累计完成人工造林397.64万公顷、飞播造林108.85万公顷、新封山育林309.86万公顷。

投资　2016年，京津风沙源治理工程完成投资19.22亿元，较2015年增长41.53%。其中，林业工程投资15.27亿元，占79.44%。在林业工程投资中，国家投资14.19亿元，占林业工程投资的92.92%。

4. 三北及长江流域等重点防护林体系建设工程

2016年，三北及长江流域等重点防护林体系建设工程有序推进，共完成造林面积110.50万公顷，其中，人工造林56.42万公顷，飞播造林0.93万公顷，新封山育林49.35万公顷，退化林修复3.41万公顷，人工更新0.39万公顷。

三北防护林体系建设工程　2016年，三北防护林工程共完成造林64.85万公顷。其中，人工造林29.45万公顷，飞播造林0.93万公顷，新封山育林31.23万公顷，退化林修复3.05万公顷，人工更新0.19万公顷。持续推进百万亩防护林基地、黄土高原综合治理、退化林分修复等重点项目建设。新启动了陕西延安、甘肃元城河流域两个百万亩防护林基地建设，百万亩项目达到8个；在33个试点县继续开展黄土高原综合治理林业示范建设；继续开展退化林分修复，2016年中央财政林业补助资金2亿元，试点县由50个扩大到70个，安排建设任务100万亩。

长江流域等防护林体系建设工程 2016年，长江流域防护林工程完成造林面积21.78万公顷，珠江流域防护林工程完成造林面积5.73万公顷，沿海防护林工程完成造林面积10.87万公顷，太行山绿化工程完成造林面积3.59万公顷，林业血防工程完成造林面积3.67万公顷。

投资 2016年，三北及长江流域等重点防护林体系建设工程共完成投资67.88亿元。其中，国家财政投资53.33亿元，占总投资的78.56%；群众投工投劳折资12.58亿元。

自2001年以来，三北及长江流域等防护林体系建设工程累计完成人工造林1 060.72万公顷、飞播造林33.09万公顷、新封山育林667.53万公顷。其中，三北工程累计完成人工造林647.75万公顷、飞播造林14.09万公顷、新封山育林369.16万公顷。累计完成投资821.84亿元。其中，三北工程累计完成投资365.25亿元。

5. 野生动植物保护及自然保护区建设工程

2016年，林业系统自然保护区增加73处，面积增加122万公顷，其中，国家级自然保护区增加16处[①]。截至2016年，林业系统已建立各级各类自然保护区2 301处，总面积1.26亿公顷，约占陆地国土面积的13.08%，其中，国家级自然保护区达359处，总面积为8 138万公顷。

专栏7 自然保护区建设60年

经过60年的发展，我国已基本形成类型比较齐全、布局基本合理、功能相对完善的自然保护区体系。截至2015年底，全国已建立2 740处自然保护区，总面积147万平方千米，其中陆域面积142万平方千米，约占我国陆地国土面积的14.8%。国家级自然保护区446处，总面积97万平方千米；地方级自然保护区2 294处，总面积50万平方千米。其中，广东鼎湖山等33处自然保护区加入联合国"人与生物圈"保护区网络，吉林向海等46处自然保护区列入国际重要湿地名录，福建武夷山等35处自然保护区同时划入世界自然遗产保护范围，200多处自然保护区列为生态文明和环境科普方面的教育基地。

全国超过90%的陆地自然生态系统都建有代表性的自然保护区，89%的国家重点保护野生动植物种类以及大多数重要自然遗迹在自然保护区内得到保护，部分珍稀濒危物种野外种群逐步恢复。大熊猫野外种群数量达到1 800多只；东北虎、东北豹、亚洲象、朱鹮等物种数量明显增加；麋鹿曾经野外灭绝，通过建立自然保护区重新引入，种群数量稳步上升，成为国际生物多样性保护的成功典范。青海三江源等自然保护区的建立，对保护"中华水塔"发挥了重要作用。

---
① 由于地方行政主管部门变更，2016年2处林业系统国家级自然保护区调出，实际增加14处。

2016年，野生植物就地保护小区1 505个，总面积311万公顷，保护小区数量增加，面积减少。野生动物种源繁育基地8 158个，其中，商业性野生动物驯养繁殖单位7 958个。野生植物种源培育基地1 185个。野生动物观赏展演单位481个，其中，动物园204个，野生动物园37个。野生动植物保护管理站2 777个，野生动植物科研及监测机构728个，鸟类环志中心（站）134个。全国从事野生动植物及自然保护区建设的职工人数5.22万人，比2015年减少109人。其中，各类专业技术人员1.71万人，占32.75%，比2015年减少0.71个百分点。

2016年，野生动植物及自然保护区建设投资完成额15.55亿元，比2015年减少38.90%。其中，中央财政投资8.97亿元，地方财政投资5.62亿元。

6. 岩溶地区石漠化综合治理工程

2016年，国家发展和改革委员会、国家林业局、农业部、水利部联合印发了《岩溶地区石漠化综合治理工程"十三五"建设规划》（以下简称《规划》），涉及贵州、云南、广西、湖南、湖北、重庆、四川、广东8省（自治区、直辖市）的455个石漠化县（市、区），岩溶面积45.3万平方千米，其中石漠化面积12万平方千米。"十三五"期间，中央预算内专项资金每年将重点用于200个石

专栏8 重点生态建设工程造林核查主要结果

2016年的综合核查工作全面转向调查监测，调查对象从全部营造林转向重点生态建设工程（以下简称重点工程）人工造林，本次调查监测对象为全国和各省2012－2015年度重点工程人工造林实施情况，全国共抽取197个县级单位，实地调查小班2.5万个、面积184.41万亩。

调查结果显示：一是重点工程造林规模增长。2015年度全国重点工程造林面积2 376.5万亩，较2014年度增长43.8%，2015年度新一轮退耕地还林面积669.42万亩，对全国重点工程造林规模增长的贡献率为92.5%。二是以扩大森林面积为主。全国重点工程以宜林荒山荒地造林为主，占人工造林的63.3%。三是以生态建设为主，造林主体多样。全国重点工程造林中生态公益林比例66.9%，有20个省超过70%。林木权属以个人为主，兼有集体、国有和合作造林。四是经济林以核桃为主，用材林以杉木为主。全国重点工程造林经济林比例21.0%。五是造林两年后的合格率明显降低。对不同造林年限的调查结果显示，造林年限不超过两年的2015和2014年度造林合格率均超过90%，造林年限超过两年的2013、2012年度造林合格率分别只有82.3%、78.3%。调查数据显示，技术因素对不同年限造林质量的影响程度均在1%以下，造林地放牧、自然灾害损毁后不能及时恢复、困难立地造林无育林措施等，对造林质量的影响在造林两年后成倍增大，后续管理缺失是合格率明显降低的主要原因。

漠化综合治理重点县。计划治理岩溶土地面积5万平方千米，治理石漠化面积2万平方千米，林草植被建设与保护面积1.95万平方千米。

2016年，石漠化综合治理工程投资20亿元，营造林29.41万公顷，按期完成年度计划。其中，人工造林6.89万公顷，封山育林22.52万公顷。治理岩溶土地面积1.06万平方千米，治理石漠化土地0.36万平方千米。

7. 国家储备林建设

基地建设 2016年，国家储备林基地建设完成任务82.48万公顷，其中：中央投资建设国家储备林基地8.33万公顷，开发性、政策性银行贷款建设国家储备林26.71万公顷，速丰林基地47.44万公顷。在速丰林基地建设中，荒山荒地造林15.34万公顷，更新造林14.71万公顷，非林业用地造林1.92万公顷，完成改培面积15.47万公顷，速丰林基地完成了总任务面积的57.49%。

资金支撑 2016年，国家储备林基地建设落实中央资金4.5亿元，截至2016年，中央财政共安排资金22.86亿元。林业贴息贷款完善了贴息范围，首次将生态林（含储备林）纳入贴息范围，旨在引入金融和社会资本参与生态林建设，并重点支持国家储备林项目。国家储备林资金来源范围扩增，以国家储备林建设为突破口，国家林业局与国家开发银行、中国农业发展银行（以下简称两行）创新了与林业生产经营周期相符合的贷款产品。贷款期限可达30年（含不超过8年的宽限期）、基准利率、最低资本金比例。截至2016年，在天津等省（自治区、直辖市）已经有40多个项目贷款获得批准，签署了1 050亿元的林银贷款协议，贷款额度755亿元，已经放款152亿元，贷款规模首次超过中央造林投资规模。

建设核查 2016年，国家林业局对浙江、安徽、山东、湖北、海南、四川、重庆、贵州8省（直辖市）开展了国家储备林划定、2014年中央基建投资现有林改培和新造林等国家储备林实施情况的核查工作，核查总面积36.10万公顷，抽查面积1.86万公顷，占总面积的5.15%。核查结果显示，国家储备林划定核查总体合格率达90.55%；改培核查面积核实率100%，核实面积和上报面积合格率均为85.37%；国家储备林新造林核查面积核实率97.52%，核实面积合格率100%，上报面积合格率97.52%。

产业发展

- 林业产业总产值
- 产业结构
- 产品和服务

产业发展

2016年，全国林业产业保持较快发展势头，第一、二、三产业都有不同程度增长，第三产业增长开始提速，增长速度尤其明显。全国木材商品材有所增加，非商品材则有所减少，竹材产量有所增加。全国各类经济林产品产量稳定增长，油茶产业、花卉生产保持较好发展势头。森林旅游实现了较快发展。

（一）林业产业总产值

林业总产值稳步上升。2016年，林业产业总产值达到6.49万亿元（按现价计算），比2015年增长9.30%，自2007年以来，林业产业总产值的平均增速达到20.04%（图9）。

图9 2007－2016年全国林业总产值及年度增长率

分地区看[②]，中、西部地区林业产业增长势头强劲，受国有林区天然林商业采伐全面停止和森工企业转型影响，东北地区林业产业总产值连续两年出现负增长。2016年，中、西部地区林业产业总产值增速分别达到16.12%和13.46%，东部地区林业产业总产值所占比重最大，约为46.44%。林业产业总产值前十位的省份见图10。其中，林业产业总产值超过4 000亿元的省份共有6个，分别是广东、山东、广西、福建、江苏、浙江。

---

②文中采用国家四大区域的分类方法，全国分为东部、中部、西部和东北四大区域。东部地区包括北京、天津、河北、上海、江苏、浙江、福建、山东、广东、海南10省（直辖市）；中部地区包括山西、安徽、江西、河南、湖北、湖南6省；西部地区包括内蒙古、广西、重庆、四川、贵州、云南、西藏、陕西、甘肃、青海、宁夏、新疆12个省（自治区、直辖市）；东北地区包括辽宁、吉林、黑龙江3省。

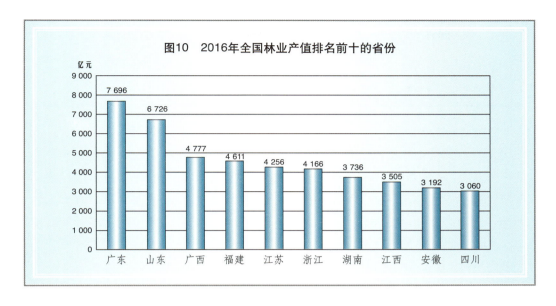

（二）产业结构

分产业看，与往年相比，第一、二、三产业产值都有不同程度增长，三产比重在逐年增加。2016年，第一产业产值21 619.44亿元，占全部林业产业总产值的33.32%，同比增长6.99%；第二产业产值32 080.67亿元，占全部林业产业总产值的49.44%，同比增长7.32%；第三产业产值11 185.94亿元，占全部林业产业总产值的17.24%，同比增长20.77%。其中，竹产业产值2 109.26亿元，油茶产业产值756.19亿元，林下经济产值6 020.76亿元。

林业三次产业的产值结构逐步优化。2016年，产业结构由2015年的34∶50∶16，调整为2016年的33∶50∶17，以林业旅游与休闲为主的林业服务业所占比重逐年提高（图11）。

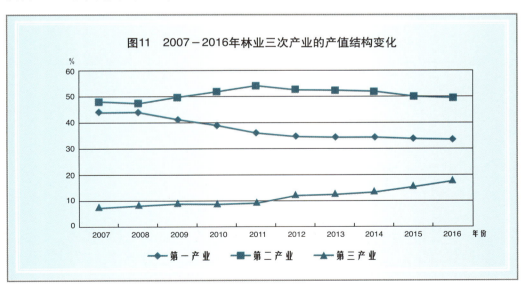

- 经济林产品种植与采集业产值占林业第一产业产值的59.55%，产值为12 875.44亿元。
- 木材加工及木、藤、棕、苇制品制造业产值占第二产业产值的37.53%，产值为12 038.70亿元。
- 林业旅游与休闲服务业产值占第三产业产值的74.29%，产值为8 310.25亿元。

（三）产品和服务

木材 2016年，商品材有所增加，非商品材有所减少。全国商品材总产量为7 775.87万立方米，比2015年增长7.73%。商品材中，来源于人工林的产量为7 605.16万立方米，占97.80%；来源于天然林的产量为170.70万立方米，占2.20%。2016年，非商品材总产量为2 357.82万立方米，比2015年减少604万立方米，同比降低20.39%。非商品材中，全国农民自用材采伐量为557.40万立方米，占23.64%；农民烧材采伐量为1 800.42万立方米，占76.36%。

锯材、木片、木粒 2016年，锯材、木片、木粒加工产品产量均有所增加。锯材产量为7 716.14万立方米，比2015年增长3.85%。木片、木粒加工产品4 576.12万实积立方米，比2015年增长6.77%。

竹材 2016年，竹材产量有所增加，小杂竹增长较快。大径竹产量为25.06亿根，比2015年增长6.41%，其中，毛竹14.58亿根，其他直径在5厘米以上的大径竹10.48亿根。小杂竹为1 738.62万吨，比2015年增长54.51%。

人造板 2016年，人造板（三板）总产量继续增长，其他人造板产量有所减少。全国人造板总产量为30 042.22万立方米，比2015年增长4.75%。其中胶合板17 755.62万立方米，增长7.31%；刨花板产量2 650.10万立方米，增长30.53%；纤维板6 651.21万立方米，与2015年基本持平，增长0.49%；其他人造板2 985.29万立方米，比2015年降低14.33%（图12、图13）。

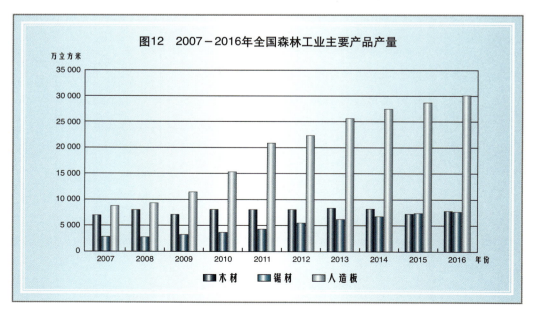

图12　2007-2016年全国森林工业主要产品产量

图13　2007－2016年人造板（三板）比重趋势

家具　2016年，全国木制家具总产量79 464.15万件，比2015年增长1.27%。其中，木制家具总产量26 051.66万件，比2015年增长2.91%。

木浆　2016年，纸和纸板总产量10 855万吨，比2015年增长1.35%；纸浆产量7 925万吨，比2015年下降0.74%，其中，木浆产量1 005万吨，比2015年增长4.04%。

木竹地板　2016年，木竹地板产量有所增加。全国木竹地板产量为8.38亿平方米，比2015年增长8.27%。其中，实木地板1.48亿平方米，占全部木竹地板产量的17.66%；实木复合地板2.50亿平方米，占全部木竹地板产量的29.83%；强化木地板（浸渍纸层压木质地板）3.16亿平方米，占全部木竹地板产量的37.71%；竹地板1.16亿平方米，占全部木竹地板产量的13.84%；其他木地板（含软木地板、集成材地板等）0.08亿平方米，占全部木竹地板产量的0.96%。

林产化工产品　2016年，大部分林产化工产品产量有所增加，个别产品有所降低。全国松香类产品产量183.87万吨，比2015年增长5.52%。松节类产品产量27.38万吨，比2015年增长4.03%；樟脑产量1.43万吨，比2015年增长6.72%；冰片产量0.69万吨，比2015年增长245%；栲胶类产品产量0.50万吨，比2015年降低34.21%；紫胶类产品产量0.50万吨，比2015年增长51.51%。

经济林产品　2016年，全国各类经济林产品产量稳定增长。经济林产品产量达到1.80亿吨，比2015年增长3.45%。从产品类别看，水果产量为1.52亿吨，干果产量为1 091.69万吨，林产饮料产品（干重）228.21万吨，林产调料产品的产量为73.87万吨，森林食品354.24万吨，森林药材279.82万吨，木本油料产量为599.86万吨，松脂、油桐等林产工业原料产量187.59万吨。

油茶 2016年,全国油茶新造林16.02万公顷,改造低产林14.32万公顷,苗木产量11.91亿株,年末实有油茶林面积400.92万公顷,油茶籽产量216万吨。

花卉 2016年,年末实有花卉种植面积132.80万公顷。切花切叶192.75亿支,盆栽植物46.89亿盆,观赏苗木112.42亿株,草坪4.97亿平方米,花卉市场4 092个,花卉企业5.53万家,花农146.20万户,花卉产业从业人员554.98万人,控温温室面积0.61亿平方米,日光温室面积1.96亿平方米。

林业旅游与休闲 2016年,全国林业旅游与休闲的人次达26.09亿人次,旅游收入8 310.25亿元,全国森林旅游实现了较快发展。截至2016年,全国各类森林旅游地数量达9 000余处,森林旅游人数达12亿人次,同比增长14.29%;创造社会综合产值超过9 500亿元,同比增长约21%。国务院印发的《"十三五"扶贫攻坚规划》,将"森林旅游扶贫工程"列入脱贫攻坚重要工程。国务院印发的《"十三五"旅游业发展规划》明确由国家林业局牵头森林旅游工作。2016年,全国依托森林旅游实现增收的建档立卡贫困人口约35万户110万人,年户均增收3 500元。

林业生物质能源产品 2016年,全国木竹热解产品(木炭、竹炭、活性炭等)产量176.67万吨,比2015年增长8.35%;木质生物质成型燃料产量81.03万吨,比2015年增长67.04%。

会展经济 2016年,由国家林业局与省级人民政府联合举办了7个与林业产业相关的博览会,即:"中国(赣州)第三届家具产业博览会""2016中国(东北亚)森林产品博览会""第十三届中国林产品交易会""第九届中国义乌国际森林产品博览会""第十二届海峡两岸林业博览会暨投资贸易洽谈会""2016中国—东盟博览会林木展""第十六届中国·中原花木交易博览会"。7个展会展览规模共计46.9万平方米,提供展位7 782个,参观人数达到120.6万人次,交易金额103.8亿元,签约项目(包括意向签约)1 153个,投资金额551.8亿元。

专栏9 第三届全国林业产业大会

2016年12月23日,第三届全国林业产业大会在北京举行。会议围绕做大、做优、做强林业产业为主线,以深化林业供给侧结构性改革为突破口,提出要着力抓实抓好以下重点工作,推动林业产业发展。

发展新兴产业和富民产业。 做大林业生物质新材料、生物质能源、生物制药和生物提取物等新兴产业,发展林下经济、木本油料、竹藤花卉、森林旅游康养等富民产业,改造提升传统产业和优势产业,把传统产业做精,把优势产业做强。

实施重点工程带动产业发展。 加快实施国家储备林建设工程、木本粮油发展工程、森林旅游休闲康养服务工程、特色经济林、林下经济、竹藤花卉苗木产业发展工程以及林业生物产业、林业碳汇、林业装备制造工程，以大工程带动大发展。

发展林业产业集群，建设示范园区。 优化人造板、家具、木浆造纸和林业循环经济等产业布局，建立特色林业精品园和林业产业现代化示范园区，大力培育林业龙头企业，推动组建国家林业重点龙头企业联盟。

推动林业产业与互联网深度融合。 建立健全以林产品电子商务为重点的林产品市场体系，加快上海自贸区中国林产品交易所建设，加快制定并实施国家林业品牌建设与保护计划，建立森林生态标志产品质量可追溯体系，逐步形成集保真溯源、产品升级和金融、保险于一体的电子商务系列化服务平台。

深化林业产业国际合作。 加快林业"走出去"步伐，深化我国木材加工、林业机械制造等优势产能国际合作，推进林业调查规划、勘察设计等服务和技术模式输出，健全政府、行业和企业"三位一体"的林业贸易摩擦应对和境外投资预警协调机制。

完善林业产业扶持政策。 建立林权市场化收储加补贴机制，完善林权抵押质押贷款制度和森林保险制度，推进实施与林业发展特点相适应的财政贴息政策，大力推广国家储备林等林业PPP项目建设，构建林业机械技术创新和制造体系，提升林业装备现代化水平。

专栏10 龙江森工集团优化供给侧结构 推动产业转型升级

推进以木材生产为主向生产生态产品、提供生态服务为主的供给侧结构转变。开发"绿水青山、冰天雪地"两座"金山银山"，逐步形成以生态旅游、林下经济、林产品精深加工、健康养老为重点的生态产业体系。

优化林业供给侧结构。 依托国家林业局东北食用菌（黑木耳）工程研究中心、北京龙江森工生态科学研究院等科研单位，推广寒地黑木耳保护地优质高效栽培、东北黑蜂产品加工先进技术、红松无性系果林营建技术等产业转型实用技术，推动优化供给侧结构的科技支撑。

调整农业种植结构。 提高水稻、白瓜子等经济作物种植比重，推进浆果采集与栽培、山野菜采集与栽培，食用菌栽培，药材栽培等为重点的结构调整方向，推广工厂化制菌、棚室挂袋栽培等先进的生产方式。

推进原料基地建设。 培育壮大种植、养殖、北药、食用菌、坚果、浆果等基地规模,重点建设了50个规模大、效益好、带动力强的森林食品原料基地及10个千亩北药种植基地。

培育壮大龙头企业。已经拥有国有(含国有控股)、民营森林食品生产企业75家,生产规模1 000吨以上企业10家,主要产品为食用菌系列、山野菜系列、坚果系列、浆果系列、杂粮系列、蜂产品、大米、食用油、野猪肉、酱菜、保健品等。

发展林下养殖业,推进森林旅游。培训技术人员、养殖大户220人次,落实养猪138.3万头、养殖禽类962万只。开展《雪乡景区规划》《凤凰山景区规划》《柴河威虎山发展总体规划》的修编,申报亚布力滑雪旅游度假区、中国雪乡为国家级度假区。

创新市场营销体系。搭建完成了电子商务平台、天猫、京东商城、黑森微店等第三方交易平台,30家黑森绿色食品旗舰店、门市连锁店陆续开业运营。

D
P41-48

生态公共服务

- 基础设施
- 文化活动
- 传播与传媒
- 生态文明教育

生态公共服务

2016年，生态公共服务基础设施建设逐步推进，文化活动多姿多彩，生态传播影响力不断扩大，生态文明教育持续多样化开展。

（一）基础设施

1. 生态文化场馆

2016年，各地生态文化场馆建设逐步推进，富于地方特色，对于传承与保护地方生态文化具有重要意义。四川雅安生态博物馆正式开馆，展馆由生态博物馆中心馆、蒙顶山生态博物馆、宝兴大熊猫故乡和碧峰峡大熊猫保护研究基地等组成，展示内容包括茶文化、大熊猫文化、生态民居文化等。以弘扬古森林文化为主题的长兴古森林博物园在浙江正式开园。以香榧为主题的中国香榧博物馆在浙江诸暨建成开放，该博物馆融合香榧的物质特性和会稽山农耕文化，立体展示生态文化底蕴。河南省洛阳市建成全球最大的四季牡丹展览馆，通过科技手段，实现了全年365天"永不落幕的牡丹文化节"目标。

2. 生态休憩场所

2016年，生态休憩场所范围进一步扩展，林业系统自然保护区增加73处、国家森林公园增加1处，新批准建立国家湿地公园试点134处、国家沙漠（石漠）公园15处、国家树木（花卉）公园3处、国家生态公园试点11处。截至2016年，国家级森林公园827处，国家沙漠（石漠）公园试点70处，国家林木（花卉）公园8处，国家生态公园试点14处。国家林业局批复了第一个国家石漠公园——湖南安化云台山国家石漠公园，确定第一批辽宁枫林谷等18个全国森林体验基地和全国森林养生基地建设试点单位。

3. 生态示范基地

2016年，云南新增普者黑国家湿地公园等4家省级生态文明教育基地，青海建立首批包括互助北山国家森林公园等5个森林旅游休闲基地，北京北宫、福建福州、湖南天际岭、贵州百里杜鹃国家森林公园实施了国家级森林公园自然教育示范点建设，浙江新增余杭区瓶窑镇奇鹤村等18个省级生态文化基地，山东省淄博市原山林场跻身"德耀齐鲁"示范基地。

2016年，中国生态文化协会分别授予北京市丰台区卢沟桥乡小瓦窑村等122个行政村"全国生态文化村"称号，授予北海金海湾红树林生态旅游区"全国生态文化示范基地"的称号。截至2016年，全国生态文化村已达563个，全国生态文化示范基地12个。

(二) 文化活动

1. 森林城市创建

2016年，全国绿化委员会、国家林业局授予吉林省长春市等22个城市"国家森林城市"称号（表1），截至2016年，全国有118个城市被授予"国家森林城市"称号。各省积极开展省级森林城市创建活动，全国开展省级森林城市创建活动的省份由13个增加到26个；京津冀等六大森林城市群创建工作进一步推进。

表1 2016年授予的"国家森林城市"名单

序号	城市	省份	序号	城市	省份
1	长春市	吉林	12	焦作市	河南
2	双鸭山市	黑龙江	13	商丘市	河南
3	常州市	江苏	14	十堰市	湖北
4	金华市	浙江	15	常德市	湖南
5	台州市	浙江	16	珠海市	广东
6	六安市	安徽	17	肇庆市	广东
7	三明市	福建	18	来宾市	广西
8	九江市	江西	19	崇左市	广西
9	鹰潭市	江西	20	绵阳市	四川
10	烟台市	山东	21	西安市	陕西
11	潍坊市	山东	22	延安市	陕西

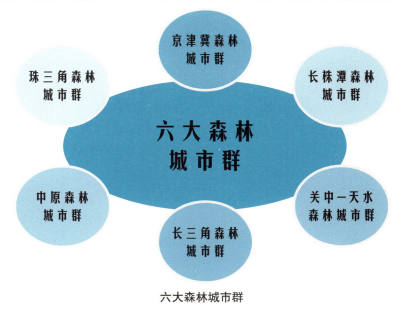

六大森林城市群

2. 古树名木保护行动

2016年，各地古树名木保护活动逐步深入。指导林学会组织各地开展"寻找最美树王活动"。浙江组织开展"古树名木保护五年行动"，广东等地将古树名木资源普查和保护列为森林城市创建的重要内容，湖南等地层层组织开展古树名木保护业务培训，江西等地持续加大保护古树名木保护保障力度，古树名木保护氛围日益增强。贵州黔南布依族苗族自治州实施《古树名木保护条例》，为依法保护当地古树名木提供了法律保证。湖南完成古树名木保护补偿调查，探索建立了有效可行的保护机制。浙江下发了《古树名木保护五年行动方案》，该方案主要目标是培养一支古树名木保护专业队伍，建立起古树名木"身份证"制度、保险制度和认养制度等。广西开展第二次古树名木资源普查，以期建立全区古树名木资源信息管理系统。安徽开展古树名木保护人员集中培训，提高保护管理古树名木技术水平。福建、河北两省分别开展了"树王"评比活动，以提高民众对古树名木的保护意识。

3. 文艺创作

2016年，生态文艺创作蓬勃开展。国家林业局精选100首林业歌曲（词）编辑印制了《绿色颂歌——百首林业歌曲集》一书。组织有关专家评选"百家媒体、百名记者进林场"活动优秀作品，编印《绿水青山、生态脊梁——"百家媒体、百名记者进林场"报道文集》。内蒙古自治区呼伦贝尔市林业改革和结构治理等5个涉林主题入选"中国作家协会深入生活、扎根人民活动重大现实题材创作扶持专项"。

生态文艺活动丰富，形式多样，影响力不断扩大。国家林业局举办了为期5个月的"森林城市·森林惠民"主题宣传活动，组织中央媒体130多人次，分赴12个省（自治区、直辖市）26个城市进行采访宣传。2016年，生态摄影培训班、国家森林公园风光摄影大赛、中国自然保护区生态摄影比赛、中国美丽乡村主题摄影展、丝绸之路生态文化万里行、竹子与生活手机摄影竞赛活动等相继举办。生态公益电影《山丹丹花儿开》在央视电影频道播出，展现了退耕还林工程的建设成就。自然电影《我们诞生在中国》在全国热映。《中国珍稀物种·黑颈鹤》等5部生态主题作品获得国家新闻出版广电总局主办的第四届优秀国产纪录片及创作人才扶持项目表彰。摄制了反映中国候鸟保护的社会公益宣传片《飞鸟中国》，在有关会议、机场、车站等公共场所播放。浙江省拍摄完成我国首部野生动物保护微电影《宝贝回家了》。

4. 理论研究

2016年4月，国家林业局印发了《中国生态文化发展纲要（2016－2020年）》。国家林业局与福建农林大学、福建省社会科学研究基地生态文明研究中心共同编著的《城郊森林公园理论与实践》一书出版发行，对城郊森林公园运用的基础理论知识进行了梳理和提炼，对各地在城郊森林公园建设发展中的实践经验、具体做法、发展模式进行了研究和总结。中国生态文化协会完成《中国海洋生态文化》一书的编撰，全方位研究海洋生态文化思想精髓，分析当代海洋生态文化发展趋势和发展战略。

《中国生态文化发展纲要（2016—2020 年）》之推进生态文化发展的重点任务、重大行动

一、重点任务
- 建立生态文明评价体系
- 将生态文化融入全民宣传教育
- 将生态文化理念融入法治建设
- 将绿色发展理念融入科技研发应用
- 加强生态文化传承与创新发展
- 推进生态文化产业发展

二、重大行动
- "全国生态文化村"创建活动
- 生态文化现代媒体传播体系和平台建设
- 生态文化创建传播体验活动
- 树立林业生态楷模
- 推进文化产业发展

（三）传播与传媒

1. 社会媒体宣传

新华社、《人民日报》、中央人民广播电台、中央电视台等中央主流媒体和地方媒体，以及微博、微信等新媒体，围绕深化生态文明体制改革、加快推进林业现代化建设，策划开展了系列宣传报道活动。新华社、光明日报等中央主流媒体围绕习近平总书记"四个着力"要求和在考察安徽小岗村、黑龙江林区时的重要讲话精神，对集体林权制度、国有林场、国有林区、国家公园体制和林业供给侧结构性改革进行重点报道，集中发稿500多篇；国家林业局联合中央电视台共同策划《绿色中国·览夏森林篇》《绿色中国·览夏湿地篇》大型系列直播报道，两期节目分别连续七天在央视新闻频道播出；凤凰卫视高端访谈节目《问答神州——访国家林业局局长张建龙》，充分展示十八大以来林业改革与发展的新情况、新变化和新成果；中央电视台、央视网等中央媒体共同策划了春秋两季大型直播类系列电视节目《关注候鸟迁徙》，配套播出科普背景短片达到60余条（次）；新华社、《人民日报》等中央媒体进行了为期半年的"森林城市·森林惠民"主题宣传活动，推出领导的专访、署名文章19篇，共计刊发报道199篇；围绕6月17日世界防治荒漠化与干旱日，开展了为期3个月的系列宣传活动。《人民日报》刊发局领导署名文章，新华社推出局领导权威访谈。在《中华英才》推出防沙治沙特别报道，刊发局领导和7位林业厅厅长的专访文章。组织12家媒体前往"一带一路"沿线6个主要沙区省采访，推出"走进风沙源"记者采风活动。30多家中央级媒体、157家网站参加采访报道,刊播相关报道476条(次),转发910多条(次),推送微博百余条,发送手机公益短信2亿条。中央电视台新闻联播、晚间新闻、朝闻天下等栏目报道治沙达10多分钟。中央宣传部印发了《关于加强象等野生动植物保护宣传报道方案》,中央主要媒体、主流门户网站,共刊发转载相关报道7 000多条;中央宣传部组织中外媒体对新修订的《中华人民共和国野生动物保护法》、候鸟保护"清网"行动等进行了广泛宣传,取得良好的宣传效果。

2016年,各主要新闻单位和网站共刊播报道12 000多条(次),各媒体刊发国家林业局领导专访33篇。其中,《人民日报》150条(一版10条),新华社1 400多条(次),中央电视台等主要电视媒体1 300余条(集),新闻联播66条,《焦点访谈》新闻专题13期等。

2. 林业报刊图书出版

《中国绿色时报》《中国林业》《国土绿化》《林业产业》《生态文化》等中央林业报刊和各省(自治区、直辖市)林业报刊已成为林业工作宣传的重要阵地,报道林业新战略,分析林业发展面临的新形势,解读林业改革中的新任务,为加强生态建设营造了良好的舆论环境。2016年,《林业科学》收入《工程索引》数据库;《中国绿色时报》16件作品获得中国产经新闻奖;《森林与人类》再获"中国最美期刊"称号。一系列专题图书荣获国家级奖项:《林业应对气候变化与低碳经济》系列丛书被列为"2015年度国家出版基金优秀项目";《认识湿地三部曲》入选国家新闻出版广电总局"2016年向全国青少年推荐百种优秀出版物";《中华榫卯》《大国匠造——木雕法式》等成功入选"经典中国国际出版工程";《国家濒危野生植物和国家重点保护野生动物大数据》荣获"第三届中国创意工业创新奖"银奖。出版了湿地资源专著《中国湿地资源》等系列图书;《绿色发展与森林城市建设》入选"2016年主题出版重点出版物";围绕林业重大工程出版了《2015集体林权制度改革监测报告》《中国智慧林业——顶层设计与地方实践》《2015退耕还林工程生态效益监测国家报告》等一批重点图书。

3. 展览展会论坛

以展现林业和生态主旨的展览会、文化节、论坛等活动在2016年继续呈现鲜活态势。第四届中国(东北亚)森林博览会、第十六届中国·中原花木交易博览会、中国(昌邑)北方绿化苗木博览会、第七届安徽省花卉博览会、"中国自然保护区60年"摄影作品巡回展、中国湿地保护成就展、四川"弘扬生态文明、传播熊猫文化"大熊猫书画邀请展等相继举办。2016中国森林旅游节、第九届竹文化节、第三届中国绿色碳汇节等多彩文化节相继举行。首届亚太城市林业论坛、国际林业研究组织联盟亚洲大洋洲区域大会、海峡两岸园林学术论坛、首届中非野生动物保护论坛、首届兰花保育与产业发展国际论坛、2016

中国珲春虎豹保护国际论坛、首届全国林业工程学科高峰论坛、第八届中国生态文化高峰论坛、第二届森林休闲与健康高峰论坛、第三届湖北生态文化论坛等相继举办，加快了生态文化建设步伐。

（四）生态文明教育

1. 青少年生态文明教育

2016年，青少年生态文明教育继续向"注重体验、注重参与"的方向发展。组织开展"生态文化进校园"和生态文化小标兵活动，授予23名小学生"生态文化小标兵"称号。中国林学会第33届林业科学营暨2016年青少年林业科学营活动成功举办，并在央视少儿频道播出相关专题科普节目。黑龙江长寿国家森林公园联合哈尔滨市多所学校开展森林体验活动，近万名学生分批次走进森林，参与登山、植物识别等活动。河南白云山国家森林公园积极开展各类科普教育活动，2016年免费接待青少年游客达6万人次。2016绿桥、绿色长征活动推进会暨绿色志愿双选会活动在北京林业大学举办。全国"爱鸟周"活动在广东省广州市举行，国家林业局、广东省相关领导为"未成年人生态道德教育师范学校"代表进行授牌，并向深圳市有关学校赠送了未成年人生态道德教育教材《探索红树林》。新疆百名学生被"青少年环保大使活动与教育计划"项目授予"森林大使"称号，带动和影响越来越多的青少年参与森林的保护与建设。中国林业科学研究院与华中农业大学合办林学英才班，探索科教结合培养生态文明建设创新人才的新途径、新模式。西南林业大学成立全国首个湿地学院，着力构建本科—硕士—博士的人才培养体系。辽宁林业职业技术学院成立生态建设与环境保护职教集团，旨在传播绿色文化，推动生态文化育人。第44届世界技能大赛花艺项目基地落户湖北生态工程学院。北京林业大学与拉萨开展人才智力合作，双方在人才培养培训、学生实习实践等领域进行多层次、宽领域的交流。国家林业局与吉林、福建、广东签订培训合作协议，计划在林业人才培养、网络培训发展、教学基地建设等方面开展深入合作。国家濒危物种进出口管理办公室在东北林业大学设立培训基地，合力培养专业技术人才。

2. 社会公众生态文明教育

2016年，国家林业局、中国农工党、国家发展和改革委员会、教育部、农业部、环境保护部等单位联合举办"2016中国环境与健康宣传周"活动。国家林业局拍摄完成6个林业电视公益广告，在中央电视台、地方卫视、G20峰会播放，并相继在北京首都机场463块电视屏幕，连续2个月播放3 600次。北京、湖南等地在"爱鸟周"活动中，组织开展各类主题活动，号召全社会爱护野生动物，为鸟类营造良好的生存环境。广西举办"保护野生动物宣传月"，引导社会大众倡导"加强栖息地保护，践行生态文明"理念。内蒙古举办"生态文明建设宣传活动周"，向市民介绍内蒙古在防沙治沙、天然林资源保护、森林资源修复等方面取得的巨大成就。由中华文化促进会、中国林学会、世界自然保护联盟联合主办"山水写珍——2016－2017生态影像公益行"活动，用影像传播生态文化，展现中国丰富的自然生态、生物文化多样性。中国野生动物保护协会举办"第五届中国·北戴河国际观鸟摄影大展"，广泛动员社会力量参与野生动物保护事业。

3. 企业生态公益

2016年，越来越多企业主动参与生态公益活动。国家林业局、全国工商联中国光彩事业促进会联合举办了"2016年民营企业家及管理干部林业培训班"，为百余名林业企业管理者更好地参与林业建设搭建了良好平台。由中国林产工业协会主办的"《2016中国林产工业企业社会责任报告》暨协会重大项目发布会"成功召开，广西丰林木业集团股份有限公司等8家企业发布《企业社会责任报告》。中国绿化基金会和《中国绿色时报》成功举办"2016寻找最美生态公益人物（企业）"活动，授予山东中喜生态产业股份有限公司等10家企业"2016最美生态公益企业"荣誉称号。中国互联网新闻中心主办、中国网生态频道承办"美丽中国梦　生态中国行"走进株洲公益活动，推动更多地区和行业走生态文明发展之路。

E
P49-72
改革、政策与法制

- 林业改革
- 林业政策
- 林业法制

改革、政策与法制

2016年，国有林区和国有林场改革稳步推进，重点国有林区省级改革实施方案全部批复，标志着重点国有林区改革进入了实质性的推动阶段；31个省（自治区、直辖市）全部出台了省级国有林场改革实施方案，近1/3市（县）改革实施方案已获批复。集体林权制度改革进一步深化，新型林业经营主体和林下经济发展迅速。一系列林业新政策和修订后的林业法律出台。集体林权、自然资源保护、湿地和沙化土地修复与治理、支持林业发展的开发性和政策性金融政策等相继出台。新修订的《中华人民共和国野生动物保护法》颁布实施，制定、修改、颁布了部门规章9件。截至2016年，取消中央指定地方实施的林业行政审批事项13项。

（一）林业改革

1. 国有林区改革

改革方案批复全部完成 自批复内蒙古国有林区改革方案后，2016年1月27日和4月26日，又相继批复了吉林省、黑龙江省和大兴安岭林业集团公司省级国有林区改革实施方案，标志着重点国有林区改革进入了实质性推动阶段。总体上看，按照中央6号文件要求以及三省（自治区）改革总体方案，结合各省（自治区）实际，在体制机制上提出了明确的改革目标，突出了保生态、保民生，实行政企、政事、事企、管办分开，构建重点国有林管理局、管理分局和林场（所）的三级管理体系，加快产业转型发展，妥善安置好林业职工的生产生活。

多渠道安置富余职工 重点国有林区全面停伐后，各林业局通过发展特色产业、鼓励自主创业、输出劳务等途径，多渠道安置富余职工。已安置富余职工6万余人，其中，内蒙古将1.6万名富余职工全部转岗到森林管护等一线岗位；吉林省安置富余职工1.8万人，还有2.2万人未安置；龙江森工安置富余职工3万余人，还有1.5万人未安置；大兴安岭安置富余职工0.54万人，还有0.76万余人未安置。

国有林区改革支持政策落实 2016年，中央安排224亿元用于支持国有林区改革，其中，安排重点国有林区停伐补助资金51亿元，将国有林管护费补助标准由2015年的每年每亩6元提高到8元。落实东北、内蒙古重点国有林区开展防火应急道路试点建设资金2亿元。将东北、内蒙古重点国有林区森工非经营性项目中央投资比例由过去的80%提高到90%，减轻了重点国有林区森工集团资金配套压力。

金融债务化解 国家林业局配合银监会等部门，起草了《关于解决东北内蒙古重点国有林区金融债务的意见》。对天然林资源保护工程一期以后新增与停伐相关的金融债务130亿元，财政部从2017年起，按照年利率4.9%，每年安排利息补助6.37亿元补助到天然林资源保护工程二期结束的2020年。对天然林资源保护工程一期剩余债务29亿元，由森工企业与金融机构协商，参照天然林资源保护工程一期债务处理政策，经债权金融机构审核同意后给予免除；对债务打包到资产管理公司的24亿元，由森工企业与资产管理公司协商，按不低于原始收购价处理；对棚户区改造以及相关配套基础设施债务77亿元，在国家保障房化债政策未出台前，银监会牵头会同财政部、国家林业局与国家开发银行进行专题调查研究后协商过渡期处理意见。

国有林区改革督察和调研 2016年，按照中央改革办公室督察工作要求，国家林业局、中央机构编制委员会办公室、发展和改革委员会、财政部等部门组成督察组，对重点国有林区改革进行了督察。国家林业局多次协调中央机构编制委员会办公室，研究建立国有林管理机构相关事宜。国家林业局多次赴林区针对国有林管理机构设置和编制、国有林区扶持政策落实等情况开展调研，指导督促各地加快推进改革工作。

> **专栏11　东北、内蒙古重点国有林区"四分开"改革深入推进**
>
> 东北、内蒙古重点国有林区"四分开"改革深入推进。内蒙古森工集团社会管理职能已全部剥离，2008年，剥离了森工集团承担的教育、卫生、广电等社会管理职能。在此基础上，2016年，森工集团与呼伦贝尔市、兴安盟分别签署了"三供一业"及市政环卫、计生、社保、公积金管理等移交协议，剥离移交机构22个、涉及人员4 369人、资产6.05亿元。内蒙古自治区和呼伦贝尔市、兴安盟财政累计投入资金超过100亿元。吉林省重点林区的教育、公检法等社会职能已剥离完成，目前还承担着卫生、三供一业、消防等社会职能。龙江森工集团承担的公检法移交完成，教育、公安纳入财政预算，其余社会职能还未移交。大兴安岭属政企合一管理体制，暂不具备剥离条件，首要任务是理顺松岭、新林、呼中三区财政投资体制，为承接政府管理和公共服务职能创造条件。

2. 国有林场改革

2016年，国家林业局会同有关部门，以严格审批和加快实施省级改革实施方案为主线，以宣传培训为助力，以督察督导为保障，以健全完善制度政策为支撑，改革总体进展平稳有序，取得重要阶段性成效。

省级政府主体责任落实　全国28个省（自治区、直辖市）成立了省政府领导任组长的改革领导小组或建立了改革工作联席会议制度，占全部省份的90%，其中，山西、内蒙古、吉林、福建、广西、青海、宁夏7个省（自治区）是省长（区主席）任组长。各省对国有林场改革任务进行了分解，明确了牵头部门，各司其职，各负其责，部分省人民政府与各市（州）人民政府签订了改革工作责任书，明确了市政府对辖区国有林场改革的工作责任。

国有林场改革全面开展　2016年，31个省（自治区、直辖市）的省级改革实施方案全部获得国家批复，并全部出台了省级改革实施方案，市（县）改革实施方案制定、批复工作也陆续跟进。截至2016年底，国有林场改革所涉及的1 702个县（市、区）已有近1/3完成了市（县）改革实施方案的审批，覆盖了全国1 800多个国有林场，占全国国有林场总数的37%。其中，安徽、福建、贵州、北京、宁夏、湖北、辽宁7省（自治区、直辖市）已基本完成市（县）改革实施方案审批。完成了河北、浙江、江西、山东、湖南、甘肃6省的改革试点工作验收。广东、湖北、宁夏新成立了单独的省级国有林场管理机构，吉林在省林业工作站，河南在省林业厅保护处，云南在省林业厅造林处加挂了国有林场机构牌子，相应地增加了处级领导职数和人员编制。北京、天津、山西、上海、湖南、重庆、贵州、青海8省（直辖市）的国有林场全部定性为公益性事业单位。全国国有林场的天然林商业性采伐全面停止，全年减少天然林消耗量556万立方米。

改革督察督导全覆盖　国家林业局、国家发展和改革委员会、中央机构编制委员会办公室等8个部委组成了16个督察组，对河北等24省（自治区、直辖市）进行了改革专项督察，有效推动了改革主体责任落实，加快了改革进程。

配套政策陆续出台　在国家层面，截至2016年底，中央财政已落实国有林场改革补助133.8亿元。在省级层面，广东、吉林、湖北、福建、重庆等已落实省级改革补助资金12.2亿元；重庆、山西等省主动化解金融债务近2亿元，极大地减轻了国有林场的债务负担。湖南、宁夏等省出台了国有林场编制核定指导意见；山西、青海、广东等省分别开展了国有林场森林资源立法保护、管护绩效考评、林地落界确权等工作；北京市制定了政府购买服务定额标准和发展规划，创新了国有林场发展机制。

3. 集体林权制度改革

集体林权制度改革进一步深化　2016年，国务院办公厅出台了《关于完善集体林权制度的意见》，进一步明确深化集体林权制度改革的指导思想、基本原则和总体目标，对稳定集体林地承包关系、放活生产经营自主权、引导适度规模经营、加强集体林业管理和服务等重点工作进行了全面部署。国家林业局印发了《关于规范集体林权流转市场运行的意见》，进一步规范和促进集体林权流转。

集体林地承包经营　除上海和西藏以外，全国29个省（自治区、直辖市）确权集体林地面积27.05亿亩，占各地纳入集体林权制度改革面积的98.97%；发证面积累积达26.41亿亩，占已确权林地总面积的97.65%；发放林权证1.01亿本，约5亿农民获得了集体林地承包经营权。

集体林地承包经营纠纷调处　协调中央综合治理委员会，将集体林地承包经营纠纷调处纳入了综治工作考核评价范围。国家林业局印发了《关于进一步加强集体林地承包经营纠纷调处工作的通知》，以考评促调处，推进纠纷调处工作。

新型林业经营主体发展　加快推动新型林业经营主体建设，进一步加强指导、完善服务、强化扶持，促进农民林业合作社发展壮大，提高其市场竞争能力和带动农户能力。评定了348家全国林业专业合作社示范社、117家林业专业合作社入围2016年国家农民合作社示范社评选，85家农民林业专业合作社纳入国家林下经济示范基地建设支持范围。

集体林业综合改革试验示范区建设　组织开展了全国集体林业综合改革试验示范工作，设立了32个试验示范区，开展了9个方面的试验示范，召开了全国集体林业综合改革试验区现场会，总结比较成熟、改革效果明显的典型案例供各地学习借鉴。

全国林下经济发展　中央财政安排林下种植中药材补助试点资金2亿元，引导和推动16个省份出台林下经济省级财政资金扶持政策。有28个省份出台了林下经济发展规划和支持林下经济发展的意见，促进了农民脱贫致富和林业供给侧结构性改革。发挥林下经济在精准扶贫中的重要作用，在全国832个国家级贫困县和集中连片特困县开展了"服务精准扶贫国家林下经济及绿色产业示范基地"认定工作，将225家带动力强、扶贫作用明显的单位认定为示范基地。

4. 国家公园体制改革

大熊猫、东北虎豹、雪豹国家公园体制试点　2016年4月，中央经济体制和生态文明体制改革专项小组召开专题会议，研究部署在四川、陕西、甘肃三省大熊猫主要栖息地整合设立大熊猫国家公园，在吉林和黑龙江两省东北虎豹主要栖息地整合设立东北虎豹国家公园。根据会议要求，国家林业局做出部署，组织相关部门和专家开展调研，组织吉林等5省召开试点方案编制工作协调推进会，提出范围划定原则，推动建立跨省协调工作机制。深入实地指导，督促按时上报试点方案。在财政部的支持下，为大熊猫、东北虎豹和亚洲象等珍稀濒危野生动物保护争取项目经费5 000多万元。2016年10月，国家林业局组成专门调研组，深入甘肃、青海祁连山开展雪豹保护工作调研，先后组织召开了雪豹监测调查技术研讨会和祁连山雪豹国家公园建设专家咨询研讨会。

2016年12月，中央全面深化改革领导小组第三十次会议审议通过了《大熊猫国家公园体制试点方案》和《东北虎豹国家公园体制试点方案》。

大熊猫国家公园

- 试点区面积2.71万平方千米。
- 覆盖了现有野生大熊猫种群数量的86.59%。

东北虎豹国家公园

- 试点区面积1.46万平方千米。
- 覆盖了我国东北虎豹野生种群总数量的75%以上。

深入指导和督查试点　国家林业局认真履行自然资源主管部门的职责，发挥专业、技术和管理优势，加强与试点省林业部门的工作联系和沟通，深入现地开展专题调研，及时为试点省提供国家公园体制试点技术支持服务。审查云南香格里拉普达措等8个国家公园体制试点方案，牵头开展云南香格里拉普达措国家公园体制试点区专项督查，参加三江源、浙江钱江源国家公园体制试点的督查工作。截至2016年底，9个国家公园体制试点方案获得国家批复。

开展专题研讨和国际合作交流　主办生态文明贵阳国际论坛2016年会"国家公园建设与绿色发展"高峰论坛，交流国内外国家公园建设经验，探索中国国家公园体制建设健康之路。与美国、加拿大、韩国、中国台湾、世界自然基金会（WWF）、世界自然保护联盟（IUCN）等多个国家、地区及重要国际组织开展学术交流及业务考察活动。组团赴南非开展野生动物类型国家公园建设管理培训。与IUCN合作翻译出版《IUCN自然保护地管理分类应用指南》，为中国国家公园建设提供借鉴和启发。委托相关科研院所开展国家公园总体规划、自然资源调查评估、生态体验等专项研究，为制定国家公园相关标准规范提供参考。

（二）林业政策

1. 集体林权管理政策

完善集体林权制度意见出台　2016年11月，国务院办公厅印发了《关于完善集体林权制度的意见》（以下简称《意见》）。《意见》明确，在稳定集体林地承包关系方面，要进一步明确产权。对承包到户的集体林地，要将权属证书发放到户，由农户持有。对采取联户承包的集体林地，要将林权份额量化到户。对仍由农村集体经济组织统一经营管理的林地，要依法将股权量化到户、股权证发放到户。探索创新自留山经营管理体制机制。对新造林地要依法确权登记颁证。逐步建立集体林地所有权、承包权、经营权分置运行机制。确因国家公园、自然保护区等生态保护需要的，可探索采取市场化方式对林权权利人给予合理补偿。全面停止天然林商业性采伐后，对集体和个人所有的天然商品林，安排停伐管护补助。

在放活生产经营自主权方面，在不影响整体生态功能、保持公益林相对稳定的前提下，允许对承包到户的公益林进行调整完善。实行公益林分级经营管理，在不影响生态功能的前提下，鼓励非木质利用。放活商品林经营权，完善森林采伐更新管理制度。减少政府对集体林微观生产经营行为的管制。

在适度规模经营方面，鼓励和引导农户采取转包、出租、入股等方式流转林地经营权和林木所有权，发展林业适度规模经营。采取多种方式兴办家庭林场、股份合作林场。建立完善龙头企业联林带户机制，为农户提供林地林木代管、统一经营作业、订单林业等专业化服务。引导工商资本投资林业，依法开发利用林地林木。建立健全对工商资本流转林权的监管制度，纳入信用记录。

鼓励工商资本与农户开展股份合作经营，推进农村第一、二、三产业融合发展，带动农户从涉林经营中受益。加大金融支持力度，开展林业经营收益权和公益林补偿收益权市场化质押担保贷款，采取资本金注入、林权收储担保费用补助、风险补偿等措施支持开展林权收储工作。完善森林保险制度，建立健全森林保险费率调整机制。

集体林权流转市场规范 2016年7月，国家林业局印发了《关于规范集体林权流转市场运行的意见》（以下简称《意见》），从流转原则、程序、资格、服务、加强用途监督等方面做出具体规定，进一步规范和促进林权流转，推动林权流转市场健康有序发展。《意见》明确，要严格界定流转林权范围，集体林权流转是指在不改变林地所有权和林地用途的前提下，林权权利人将其拥有的集体林地经营权（包括集体统一经营管理的林地经营权和林地承包经营权）、林木所有权、林木使用权依法全部或者部分转移给他人的行为，不包括依法征收致使林地经营权发生转移的情形；集体林权可通过转包、出租、互换、转让、入股、抵押或作为出资、合作条件及法律法规允许的其他方式流转；区划界定为公益林的林地、林木暂不进行转让，允许以转包、出租、入股等方式流转；权属不清或有争议、应取得而未依法取得林权证或不动产权证、未依法取得抵押权人或共有权人同意等情况下的林权不得流转。

《意见》明确，要严格林权流入方资格条件，林权流入方应当具有林业经营能力，林权不得流转给没有林业经营能力的单位或者个人；鼓励各地依法探索建立工商资本租赁林地准入制度；家庭承包林地的经营权可以依法采取出租、入股、合作等方式流转给工商资本，但不得办理林权变更登记。

集体林地承包经营纠纷调处机制建立 2016年3月，国家林业局印发《关于进一步加强集体林地承包经营纠纷调处工作的通知》（以下简称《通知》）。《通知》明确，一是各地集体林地承包经营管理部门要建立健全纠纷调处工作规则和管理制度，推进县、乡、村林地承包经营纠纷调解仲裁体系建设，逐步建立健全乡村调解、县市仲裁、司法保障的集体林地承包经营纠纷解决机制。二是各级林业主管部门要制定完善重大突发事件应急预案。对于涉及面广、情况复杂、重大疑难、历史遗留的集体林地承包经营纠纷案件，林业主管部门要主动与相关部门共同协商，形成合力，及时处置，妥善解决。三是建立健全集体林地承包经营纠纷仲裁体系。在集体林地面积较大的县（市、区），设立集体林地承包经营纠纷仲裁委员会，或在县（市、区）农村土地承包经营纠纷仲裁委员会下设立集体林地纠纷仲裁办公室，负责集体林地承包经营纠纷调解仲裁日常工作。乡镇应结合农村便民服务中心，设立集体林地承包经营纠纷调解委员会，聘请纠纷调解员，明确专人负责集体林地承包经营纠纷调解工作。

2. 天然林保护政策

2016年，国家林业局在落实全面停止国有天然林商业性采伐的基础上，启动集体和个人所有的天然林协议停止商业性采伐，将河北、福建、江西、湖北、湖南、广西、云南等重点省（自治区）集体和个人天然林列为停伐补助试点，进一步扩大天然林资源保护范围。

3. 自然资源使用和登记政策

自然资源资产有偿使用 2016年12月，国务院印发《关于全民所有自然资源资产有偿使用制度改革的指导意见》（以下简称《意见》），明确要建立国有森林资源有偿使用制度；国有天然林和公益林、国家公园、自然保护区、风景名胜区、森林公园、国家湿地公园、国家沙漠公园的国有林地和林木资源资产不得出让；对确需经营利用的森林资源资产，确定有偿使用的范围、期限、条件、程序和方式；对国有森林经营单位的国有林地使用权，原则上按照划拨用地方式管理；研究制定国有林区、林场改革涉及的国有林地使用权有偿使用的具体办法；通过租赁、特许经营等方式积极发展森林旅游；全面清理规范已经发生的国有森林资源流转行为。《意见》提出，要完善国有土地资源有偿使用制度，扩大国有建设用地有偿使用范围，加快修订《划拨用地目录》；完善国有建设用地使用权权能和有偿使用方式；鼓励可以使用划拨用地的公共服务项目有偿使用国有建设用地；事业单位等改制为企业的，允许实行国有企业改制土地资产处置政策；对国有林场（区）改革中涉及的国有农用地，参照国有企业改制土地资产处置相关规定，采取国有农用地使用权出让、租赁、作价出资（入股）、划拨、授权经营等方式处置；通过有偿方式取得的国有建设用地、农用地使用权，可以转让、出租、作价出资（入股）、担保等。

自然资源统一确权登记 2016年12月，国土资源部、国家林业局等7部门联合印发《自然资源统一确权登记办法（试行）》（以下简称《办法》）。《办法》明确，对水流、森林、山岭、草原、荒地、滩涂以及探明储量的矿产资源等自然资源的所有权统一进行确权登记；在不动产登记中已经登记的集体土地及自然资源的所有权不再重复登记。《办法》规定，国家公园、自然保护区、水流、湿地等自然资源作为单独的登记单元进行登记；明确青海三江源等国家公园试点，甘肃、宁夏湿地确权试点，黑龙江大兴安岭地区和吉林延边朝鲜族自治州等国务院确定的重点国有林区作为自然资源统一确权登记试点区域等。

国有土地有偿使用范围扩大 2016年12月，国土资源部、国家林业局等8部门联合印发《关于扩大国有土地有偿使用范围的意见》，明确要扩大国有建设用地有偿使用范围；在公共服务项目用地方面，除可按划拨方式供应土地外，鼓励以出让、租赁方式供应土地，支持市、县政府以国有建设用地使用权作价出资或者入股的方式提供土地；市、县政府应制定公共服务项目基准地价，依法评估并合理确定出让底价；国有建设用地使用权作价出资或者入股的使用年限，应与政府和社会资本合作期限相一致，但不得超过对应用途土地使用权出让法定最高年限；加快修订《划拨用地目录》，缩小划拨用地范围；在国有企事业单位改制建设用地资产处置方面，事业单位等改制为企业的，其使用的原划拨建设用地，改制后不符合划拨用地法定范围的，应按有偿使用方式进行土地资产处置；政府机构、事业单位和国有独资企业之间划转国有建设用地使用权，划转后符合《划拨用地目录》保留划拨方式使用的，可直接办理土地转移登记手续，需有偿使用的，划入方应先办理有偿用地手续，再一并办理土地转移登记和变更登记手续。

重点国有林区不动产登记 2016年12月，国土资源部、国家林业局下发《关于国务院确定的重点国有林区不动产登记有关事项的通知》（以下简称《通知》），明确重点国有林区不动产登记的管辖范围，重点国有林区森林、林木和林地的登记，经国有林业局等林业单位申请，由国土资源部受理；重点国有林区内经原林业部或国家林业局依法同意划出的农用地、建设用地及地上建筑物、构筑物等不动产登记申请，国土资源部不予受理，纳入地方属地登记。《通知》明确，要妥善处理国有林区涉及不动产登记的有关问题，一是厘清重点国有林区内林地和城镇建成区等建设用地的权属界限，选择典型地区开展试点，将城镇建成区等建设用地从重点国有林区中划出，纳入地方属地登记。二是依法解决重点国有林区内农用地确权登记问题。颁发林权证时已经与周边乡镇村组签订地块划出认定书的耕地、林地、草原等农用地，依据属地登记的原则，按照法定职责办理登记。三是稳妥处理有关权利冲突和涉林权属争议。重点国有林区内存在权证重叠的，权利人可以直接向人民法院提起诉讼，也可以申请有关部门协商处理。达成的处理协议涉及林权变动的，应当征得国家林业局同意；协商不成的，可以报上级主管部门协调处理，仍无法达成一致意见或权利人对处理结果不服的，可以向人民法院提起诉讼。重点国有林区内的涉林权属争议，由国家林业局会同有关部门进行调处。有关涉林权属争议解决前，国土资源部暂不对争议部分进行登记。

4. 野生动植物管理政策

象牙及其制品禁止进口 2016年3月，经国务院同意，国家林业局以《国家林业局公告2016年第3号》宣布，从2016年3月20日起至2019年12月31日止，我国临时禁止进口《濒危野生动植物种国际贸易公约》生效前所获的象牙及其制品、《濒危野生动植物种国际贸易公约》生效后所获的非洲象牙雕刻品以及在非洲进行狩猎后获得的狩猎纪念物象牙。象牙文物回流和科研教学、文化交流、公共展示、执法司法等非商业目的需要进口象牙及其制品的情况，不在此次临时禁止进口范围。

象牙及其制品停止加工销售 2016年12月，国务院办公厅印发《关于有序停止商业性加工销售象牙及制品活动的通知》（以下简称《通知》），确定我国停止商业性加工销售象牙及制品活动的时间表，进一步打击象牙等野生动植物非法贸易。《通知》明确，一是2017年3月31日前先行停止一批象牙定点加工单位和定点销售场所的加工销售象牙及制品活动，2017年12月31日前全面停止；二是引导象牙雕刻技艺转型，文化部门要引导象牙雕刻技艺传承人和相关从业者转型；三是严格管理合法收藏的象牙及制品，禁止在市场摆卖或通过网络等渠道交易象牙及制品。

野生动植物制品移交和处理规定　国家林业局和海关总署印发了《海关执法查没象牙等野生动植物制品移交、处理工作方案》，设立了领导小组、工作小组和鉴定专业委员会分别负责研究、审议、落实以及专业技术层面鉴定野生动植物制品真伪工作，并对移交范围、移交程序、查验验收、登记造册和封存保管等做出要求。

5. 湿地和沙化土地修复保护政策

湿地保护修复制度方案　2016年11月，国务院办公厅印发《湿地保护修复制度方案》（以下简称《方案》）。《方案》提出，一是要完善湿地分级管理体系，将全国湿地划分为国家重要湿地（含国际重要湿地）、地方重要湿地和一般湿地，列入不同级别湿地名录，定期更新。二是实行湿地保护目标责任制，确定全国和各省（自治区、直辖市）的湿地面积管控目标，逐级分解落实；将湿地面积、湿地保护率、湿地生态状况等保护成效指标纳入地方各级人民政府生态文明建设目标评价考核等制度体系。三是健全湿地用途监管机制，按照主体功能定位确定各类湿地功能，实施负面清单管理；完善涉及湿地相关资源的用途管理制度，依法对湿地利用进行监督，严厉查处违法利用湿地的行为。四是建立退化湿地修复制度，明确湿地修复责任主体，多举措恢复原有湿地，增加湿地面积；编制湿地保护修复工程规划，实施湿地保护修复工程，对集中连片、破碎化严重、功能退化的自然湿地进行修复和综合整治。五是健全湿地监测评价制度，明确监测评价主体，完善湿地监测评价规程和标准体系；建立湿地监测数据共享机制和统一的湿地监测评价信息发布制度，加强监测评价信息应用。

沙化土地封禁保护修复制度方案　2016年12月，经国务院同意，国家林业局印发了《沙化土地封禁保护修复制度方案》（以下简称《方案》）。《方案》提出，一是实行严格的保护制度。根据保护沙区生态的实际需要，建立沙化土地封禁保护区制度、沙区天然植被保护制度、沙区自然资源资产产权制度、沙区开发建设项目环评制度、沙区资源开发利用监管制度、国家沙漠公园制度6个方面的保护制度。二是建立沙化土地修复制度。通过推行重点工程治理制度、技术创新和示范与推广制度以及治理成果后续管理制度，推进沙化土地修复与治理。三是建立多元化投入机制。完善政府投入、探索开展生态保护补偿、鼓励各类主体参与防沙治沙、建立购买服务的保护治理机制、防沙治沙金融支持等5个方面的机制。四是推行地方政府责任制。通过完善目标责任考核奖惩制度和建立沙区生态损害责任追究制度，强化沙区地方党政领导的责任意识。五是健全工作推进机制。完善部门协调推进机制、健全监测预警与监督检查机制与宣传教育和表彰奖励机制。通过实施《方案》，到2020年，建立起较为完善的沙化土地封禁保护修复制度体系，使适宜封禁保护的沙化土地得到有效保护，全国一半以上可治理的沙化土地得到治理，沙区生态状况得到明显改善。

2016年，新增沙化土地封禁保护区试点县10个，试点县总数达71个，封禁保护总面积133.24万公顷，落实年度补助资金3亿元。

6."十三五"林业系列规划印发

2016年5月，国家林业局编制印发了《林业发展"十三五"规划》，明确了"十三五"林业发展总体思路、战略任务、林业重点工程项目和制度体系；提出构建"一圈三区五带"的林业发展新格局；提出完成营造林任务7 333万公顷，新增森林蓄积量14亿立方米，完成湿地修复14万公顷，新增沙化土地治理面积1 000万公顷等战略任务；将森林覆盖率、森林蓄积量、林地保有量、湿地保有量、国家重点保护野生动植物保护率、新增沙化土地治理面积、林业自然保护地面积占国土比例、混交林占比列为约束性指标。此外，国家林业局还印发专项规划35个，包括《全国造林绿化规划纲要（2016－2020年）》《全国森林经营规划（2016－2050年）》《林业科技创新"十三五"规划》《全国林业信息化"十三五"发展规划》等。

2016年12月，国家林业局、国家发展和改革委员会、财政部印发《全国森林防火规划（2016－2025年）》（以下简称《规划》）。《规划》建设任务主要包括6个领域：预警监测系统建设、森林防火通信和信息指挥系统建设、森林消防队伍能力建设、森林航空消防能力建设、林火阻隔系统建设、森林防火应急道路建设。《规划》明确，将建立健全森林防火长效机制，主要包括5个方面：建立健全森林防火责任机制、森林消防队伍建设机制、经费保障机制、科学防火管理机制和依法治火工作机制。

7. 森林城市建设政策

2016年9月，国家林业局印发《关于着力开展森林城市建设的指导意见》（以下简称《意见》）。《意见》明确了森林城市发展的总体要求、主要任务和保障措施。主要任务包括：森林进城、森林环城、森林惠民、森林乡村建设、森林城市群建设、森林城市质量建设、森林城市文化建设、森林城市示范建设8个方面。到2020年，初步建成6个国家级森林城市群、200个国家森林城市、1 000个森林村庄示范，城乡生态面貌明显改善，人居环境质量明显提高，居民生态文明意识明显提升。《意见》明确，各级林业主管部门要推动森林城市建设纳入当地经济社会发展战略，依据《全国森林城市发展规划》编制省级规划，推动各级政府把森林城市建设纳入本级公共财政预算；鼓励金融和社会资本参与森林城市建设；要制定奖补政策，对开展森林城市建设的进行补贴，对获得"国家森林城市"称号的给予奖励；要划定生态红线，确保森林城市建设用地需要、生态建设成果以及自然山水格局。

8. 古树名木保护政策

2016年2月，全国绿化委员会印发了《关于进一步加强古树名木保护管理的意见》，明确了工作目标，到2020年，完成第二次全国古树名木资源普查，形成详备完整的资源档案，建立全国统一的古树名木资源数据库；建成全国古树名木信息管理系统，初步实现古树名木网络化管理；建立古树名木定期普查与不定期调查相结合的资源清查制度，实现全国古树名木保护动态管理；建立起比较完善的古树名木保护管理体制和责任机制，建立起一支能满足古树名木保护工作需要的专业技术队伍。主要任务包括组织开展资源普查，加强古树名木认定、登记、建档、公布和挂牌保护，建立健全管理制度，全面落实管护责任，加强日常养护和及时开展抢救复壮。

9. 林业精准扶贫政策

产业扶贫政策 2016年4月，国家林业局与农业部等九部门印发了《关于印发贫困地区发展特色产业促进精准脱贫指导意见的通知》（以下简称《通知》）。《通知》明确，重点从八个方面推进产业扶贫。一是科学确定特色产业；二是促进第一、二、三产业融合发展，积极发展特色产品加工，拓展产业多种功能，大力发展森林旅游休闲康养，拓宽贫困户就业增收渠道；三是发挥新型经营主体带动作用，支持新型经营主体在贫困地区发展特色产业，与贫困户建立稳定带动关系，向贫困户提供全产业链服务，提高产业增值能力和吸纳贫困劳动力就业能力；四是完善利益联结机制，开展股份合作，农村承包土地经营权等可以折价入股，集体经济组织成员享受集体收益分配权；五是增强产业支撑保障能力，发展电子商务，培育特色产品品牌，加强贫困地区新型职业农民培育和农村实用人才带头人培养；六是加大产业扶贫投入力度，各级各类涉农专项资金可以向贫困地区特色产业倾斜；七是创新金融扶持机制，鼓励金融机构创新符合贫困地区特色产业发展特点的金融产品和服务方式，鼓励地方积极创新金融扶贫模式；八是加大保险支持力度，开展价格保险试点，鼓励保险机构和贫困地区开展特色产品保险和扶贫小额贷款保证保险。

生态保护与精准扶贫 2016年6月，国家林业局下发了《关于加强贫困地区生态保护和产业发展促进精准扶贫精准脱贫的通知》，明确了全面推动林业扶贫工作的重点任务。一是安排生态护林员精准脱贫。从2016年起，在贫困地区选择身体健康、遵纪守法、责任心强、能胜任野外巡护工作的20万建档立卡贫困人口转化为生态护林员，通过购买劳务，争取带动80万人脱贫。二是通过退耕还林精准脱贫。2016年，国家发展和改革委员会、财政部把新增退耕还林任务的80%安排到贫困县，增量任务优先用于扶持建档立卡贫困户退耕还林。三是发展木本油料精准脱贫。统筹利用国家林业重点工程、科技推广项目、农发林业示范项目等资金，协调金融部门安排长期优惠贷款，支持贫困地区发展油茶、核桃等木本油料产业发展。实施大规模国土绿化行动带动脱贫。未来5年，贫困地区的林业投资规模和增幅要高于全省平均水平的15%以上；提升森林旅游水平带动脱贫，进一步加强森林公园、湿地公园、自然保护区基础设施建设，扩大与旅游相关的种植业、养殖业和手工业发展，促进农民脱贫增收；发展特色林果和林下经济带动脱贫，结合林业重点工程实施，在保证生态效益的同时，提高林地综合利用效率和经营效益。要着力改善贫困地区生态状况。

> **专栏 12　生态护林员精准到人　退耕还林精准到户**
>
> 　　2016年，国家林业局、财政部、国务院扶贫办印发了《关于开展建档立卡贫困人口生态护林员选聘工作的通知》，以集中连片困难地区为重点，以具有一定劳动能力，但又无业可扶、无力脱贫的贫困人口为对象，在中西部21个省（自治区、直辖市）的建档立卡贫困人口中，选聘了28.8万名生态护林员，中央财政安排20亿元用于购买生态服务，精准带动108万人脱贫，实现了生态保护与精准脱贫双赢。
> 　　2016年，国家林业局把新增退耕还林任务1 335万亩中的80%重点安排到可退面积大、建档立卡贫困人口多的贵州、甘肃、云南、新疆、重庆等省（自治区、直辖市），全国共安排72.9万贫困户退耕还林任务414万亩，每亩可得到国家补助1 500元。

10. 林业金融政策

政府和社会资本合作模式推进林业建设　2016年11月，国家发展和改革委员会、国家林业局印发《关于运用政府和社会资本合作模式推进林业建设的指导意见》（以下简称《意见》），提出在林业重大生态工程、国家储备林建设、林区基础设施建设、林业保护设施建设和野生动植物保护及利用重点领域实施政府和社会资本合作模式。《意见》提出了完善扶持政策。一是保障社会资本合法权益。除现有法律、法规、规章特殊规定的情形外，林业建设项目向社会资本开放，并优先考虑社会资本参与。社会资本投资建设或运营管理的项目，与政府投资项目享有同等政策待遇，不另设附加条件；可按协议约定依法转让、转租、抵押其相关权益；征收、征用或占用的，要按照国家有关规定或约定给予补偿或赔偿。二是加大政府扶持。允许社会资本投资建设或运营管理的项目，统筹利用中央和地方政府投资。对同类项目，中央和地方政府投资要积极支持引入社会资本的项目。对社会资本参与的项目，按政策规定予以贷款贴息、减免企业所得税、享受森林保险保费补贴。三是创新金融支持。加大开发性、政策性贷款支持力度，完善林业贷款贴息政策。鼓励社保基金、保险基金等大型机构投资者投资林业，探索利用信托融资、项目融资、融资租赁、绿色金融债券等多种融资方式和工具，搭建社会资本投资林业的投融资平台。鼓励有条件的地方政府和社会资本共同发起区域性林业绿色发展基金，支持地方林业生态保护和产业发展。四是完善土地政策。社会资本投资建设生态林等连片面积达到一定规模的，允许在符合土地管理法律法规和土地利用总体规划、依法办理建设用地审批手续、坚持节约集约用地的前提下，利用一定比例的土地开展观光和休闲度假旅游、加工流通等经营活动。

2016年11月，国家林业局、财政部印发了《关于运用政府和社会资本合作模式推进林业生态建设和保护利用的指导意见》（以下简称《意见》）。《意见》提出，支持六个重点领域：创新产权模式，引导各方面资金投入植树造林和国土绿化；金融创新和产品开发，大力推进国家储备林建设林银合作；精准扶贫、精准脱贫，大力推进木本油料产业发展合作；深化林业改革，加快推进林区经济转型发展；开展林业旅游休闲康养服务；支持开展野生动植物保护及利用。《意见》明确了扶持政策。一是保障社会资本合法权益。二是充分发挥公共财政投入的引导带动作用。整合使用中央和地方财政资金支持社会资本参与的项目；开展森林保险工作，引导保险机构完善投保程序、简化投保手续、降低保险费率，降低林业PPP项目建设成本，增强抗风险能力。三是鼓励社会资本出资设立林业产业投资基金和发行企业债券。鼓励一般生产经营类企业和实体化运营企业，经有关部门批准，发行企业债券等，用于林业生态建设和保护利用领域政府和社会资本合作项目建设。四是积极推进林业体制机制创新。鼓励国有林场与社会资本合作，开展多种形式的场外合作造林和森林抚育经营等。

政策性和开发性金融支持林业发展　2016年1月，国家林业局、中国农业发展银行印发了《关于充分发挥农业政策性金融作用支持林业发展的意见》（以下简称《意见》）。《意见》明确，支持六大重点领域：一是国家储备林基地建设；二是天然林资源保护工程、生态防护林建设、森林抚育经营等林业生态修复和建设工程；三是林区道路、森林防火等林业基础设施建设；四是国有林区（场）改革转产项目；五是油菜、核桃等木本油料、工业原料林等林业产业发展；六是森林公园、湿地公园、沙漠公园等生态旅游开发。2016年6月，国家林业局与中国农业发展银行签订了《全面支持林业发展战略合作协议》。

2016年1月，国家林业局与国家开发银行印发了《关于加强合作共同推进国家储备林等重点领域建设发展的通知》（以下简称《通知》）。《通知》明确，要发挥开发性金融的作用，助力创新，促进林业发展，共同推动和促进包括融资主体、融资模式在内的金融体制创新；探索林权、林地承包经营权抵押、贷款风险准备金、项目相关应收账款质押及林业保险制度，建立林产品收储机制；研究国家储备林及林业生态扶贫开发的支持政策和保障措施，争取多种货币政策工具和财税、金融优惠政策，降低林业资金成本，探索市场化融资渠道等措施，鼓励社会资本参与林业项目建设，多种渠道解决林业资金问题。

林业产业发展投资基金建立　2016年，国家林业局与中国建设银行总行共同设立总规模1 000亿元的林业产业发展投资基金，签署了《国家林业局与中国建设银行全面战略合作暨林业产业发展投资基金合作协议》。首期260亿元投资基金与项目衔接工作已经启动。

11. 林业资金管理政策

《林业改革发展资金管理办法》出台　2016年12月，财政部、国家林业局下发《林业改革发展资金管理办法》（以下简称《办法》）。《办法》所称林业改革发展资金是指中央财政预算安排的用于森林资源管护、森林资源培育、生态保护体系建设、国有林场改革、林业产业发展等支出方向的专项资金。

《办法》明确，森林资源管护支出包括天然林保护管理补助和森林生态效益补偿补助。其中，天然林保护管理补助包括天然林资源保护工程区管护补助和天然林停伐管护补助。森林生态效益补助是指用于国家林业局会同财政部界定的国家级公益林保护和管理的支出。

森林资源培育支出包括林木良种培育补助、造林补助和森林抚育补助。森林抚育补助是指对承担森林抚育任务的国有森工企业、国有林场、林业职工、农民专业合作社和农民开展间伐、补植、退化林修复、割灌除草、清理运输采伐剩余物、修建简易作业道路等生产作业所需的劳务用工和机械燃油等给予适当的补助。

《办法》规定，生态保护体系建设支出包括湿地补助、林业国家级自然保护区补助、沙化土地封禁保护区补助、林业防灾减灾补助、森林公安补助和珍稀濒危野生动植物保护补助。湿地补助包括湿地保护与恢复补助、退耕还湿补助、湿地生态效益补助。其中，湿地保护与恢复补助是指用于林业系统管理的国际重要湿地、国家重要湿地以及生态区位重要的国家湿地公园、省级以上（含省级）湿地自然保护区开展湿地保护与恢复的相关支出；退耕还湿补助是指用于林业系统管理的国际重要湿地、国家级湿地自然保护区、国家重要湿地范围内的省级自然保护区实施退耕还湿的相关支出。林业防灾减灾补助包括森林防火补助、林业有害生物防治补助和林业生产救灾补助。其中，森林防火补助包括森林航空消防所需租用飞机、航站地面保障支出等。珍稀濒危野生动植物保护补助是指用于大熊猫、朱鹮、虎、豹、亚洲象等珍稀濒危野生动物和极小种群野生植物保护的补助支出。

《办法》明确，国有林场改革支出是指用于国有林场拖欠的职工基本养老保险和基本医疗保险费用、国有林场分离办学校和医院等社会职能、对先行自主推进国有林场改革的省份奖励补助等。

《办法》明确，林业产业发展支出包括林业科技推广示范补助、林业贷款贴息补助、林业优势特色产业发展补助。其中，林业优势特色产业发展补助是指用于支持油菜、核桃、油用牡丹、文冠果等木本油料及其他林业特色产业的补助支出。林业科技推广示范实行先进技术成果库管理，具体办法由国家林业局另行制定。林业贷款贴息条件为：各类经济实体营造的生态林（含储备林）、木本油料经济林、工业原料林贷款；国有林场、重点国有林区为保护森林资源、缓解经济压力开展的多种经营贷款，以及自然保护区、森林（湿地、沙漠）公园开展的生态旅游贷款；林业企业、林业专业合作社等以公司带基地、基地连农户（林业职工）的经营形式，立足于当地林业资源开发，带动林区和沙区经济发展的种植业以及林果等林产品加工业贷款；农户和林业职工个人从事的营造林、林业资源开发贷款。林业贷款贴息采取一年一贴、据实贴息的方式，年贴息率为3%。对贴息年度（上一年1月1日至12月31日）之内存续并正常付息的林业贷款，按实际贷款期限计算贴息。各省安排的林业贷款贴息补助，须将银行征信查询纳入审核环节，落实林业贷款贴息项目公告公示制度。对骗取林业贷款贴息补助的单位和个人，将其不良信息推送到人民银行征信系统，取消其申请林业贷款贴息补助资格。

2016年12月，财政部、国家林业局印发《林业改革发展资金预算绩效管理暂行办法》，对林业改革发展资金支出的经济性、效率性、效益性、公平性、规范性进行客观、公正的评价。

林业贴息贷款监督机制建立　2016年6月，国家林业局、财政部、中国人民银行、中国银行业监督管理委员会出台了《关于加强林业贴息贷款监督管理的指导意见》，正式建立起由林业、财政、金融部门共同参与、分工协作的林业贴息贷款联合监管机制。

林业油价补贴政策调整　2016年4月，财政部、交通运输部、农业部、国家林业局联合印发《关于调整农村客运、出租车、远洋渔业、林业等行业油价补贴政策的通知》，明确以2014年林业等行业油价补贴资金为基数，通过盘活资金存量、转变支持方式、保障支持重点，实现相关支出与用油量及油价脱钩。

进口种子种源免征增值税　2016年11月，财政部、海关总署、国家税务总局印发《关于"十三五"期间进口种子种源税收政策管理办法的通知》，经国务院批准，在"十三五"期间，即2016年1月1日至2020年12月31日，继续对进口种子（苗）、种畜(禽)、鱼种(苗)和种用野生动植物种源免征进口环节增值税。

（三）林业法制

1. 林业立法

法律修改　一是新修订的《中华人民共和国野生动物保护法》颁布实施。2016年7月2日，《中华人民共和国野生动物保护法》由中华人民共和国第十二届全国人民代表大会常务委员会第二十一次会议修订通过，自2017年1月1日起施行。二是加快推进《中华人民共和国森林法》修改工作。进一步明确建立健全森林经营等制度以及强化林地用途管制，坚决守住林地面积红线等修改的重点内容，要进一步调动全社会各方面力量，着力推进国土绿化，着力提高森林质量；在国家林业局网站公开征求社会公众对《中华人民共和国森林法》修改的意见和建议，参加中国法学会召开的专家座谈会，听取专家意见；形成了《中华人民共和国森林法（修订草案报送稿）》。

法规制定和修改　2016年，林业行政法规立法工作进一步加快。自《中华人民共和国湿地保护条例（送审稿）》报送国务院后，配合国务院法制办审查《中华人民共和国湿地保护条例》，做好征求意见、重点问题调查研究等工作。汇总整理并研究国务院有关部门、各省级人民政府、有关科研机构、湿地基层管理单位对《中华人民共和国湿地保护条例（送审稿）》的意见。

规章制定和清理　2016年，国家林业局公布了部门规章4部，分别是《林木种子生产经营许可证经营管理办法》（局令第40号）、《中华人民共和国主要林木目录（第二批）》（局令第41号）、《国家林业局关于修改部分部门规章的决定》（局令第42号）和《中华人民共和国植物新品种保护名录（林业部分）（第六批）》（局令第43号）。其中，《国家林业局关于修改部分部门规章的决定》涉及修改的部门规章6部，分别为《森林公园管理办法》《普及型国外引种试种苗圃资格认定管理办法》《松材线虫病疫木加工板材定点加工企业审批管理办法》《引进陆生野生动物外来物种种类及数量审批管理办法》《大熊猫国内借展管理规定》和《建设项目使用林地审核审批管理办法》。

基层林业立法联系点进展　2016年，国家林业局办公室印发《基层林业立法联系点工作规则》。共建立了21个基层立法联系点。

其他林业立法工作　一是制定并发布了《国家林业局关于全面推进林业法治建设的实施意见》；二是配合全国人大农业与农村委员会推进《中华人民共和国农民专业合作社法》《中华人民共和国农村土地承包法》修改工作；三是对全国人大、国务院法制办、国务院有关部委征求意见的法律法规草案，结合林业职能提出修改意见，共办理了全国人大征求意见的标准化法等64件法律、行政法规和规章草案。

规范性文件管理　2016年，国家林业局共制定发布规范性文件23件（表2）。按照国务院办公厅要求，对不利于稳增长、促改革、调结构、惠民生的15个国务院文件进行清理，提出了初步清理意见；对现有国家林业局政策性文件进行了全面清理，印发了《国家林业局关于废止〈森林资源资产评估咨询人员管理办法〉和〈森林资源资产评估咨询人员继续教育制度〉的通知》和《国家林业局关于废止部分规范性文件的通知》，宣布废止了41件规范性文件。

表2 2016年国家林业局发布的规范性文件目录

序号	文件名称	文　号	发布日期
1	国家林业局关于印发《国家林木种质资源库管理办法》的通知	林场发〔2016〕4号	2016/1/8
2	中华人民共和国濒危物种进出口管理办公室（被许可人监督检查办法）公告	濒管办公告〔2016〕1号	2016/1/25
3	国家林业局关于切实加强"十三五"期间年森林采伐限额管理的通知	林资发〔2016〕24号	2016/2/26
4	国家林业局关于进一步加强集体林地承包经营纠纷调处工作的通知	林改发〔2016〕38号	2016/3/16
5	国家林业局公告2016年第3号（临时禁止进口部分象牙及其制品）	国家林业局公告〔2016〕3号	2016/3/20
6	国家林业局关于全面推进政务公开工作的意见	林办发〔2016〕45号	2016/4/7
7	国家林业局关于印发《林地变更调查工作规则》的通知	林资发〔2016〕57号	2016/5/4
8	国家林业局关于光伏电站建设使用林地有关问题的复函	林资发〔2016〕62号	2016/5/9
9	国家林业局关于印发《林业行政案件类型规定》的通知	林站发〔2016〕67号	2016/5/20
10	国家林业局关于印发《林木种子生产经营档案管理办法》的通知	林场发〔2016〕71号	2016/5/30
11	国家林业局公告2016年第12号（行政许可项目服务指南）	国家林业局公告〔2016〕12号	2016/6/24
12	国家林业局办公室关于印发《国家林业产业示范园区认定命名办法》的通知	办改字〔2016〕127号	2016/7/1
13	国家林业局关于印发《林木种子包装和标签管理办法》的通知	林场发〔2016〕93号	2016/7/13
14	国家林业局关于用木材重量折算木材材积有关问题的复函	林资发〔2016〕97号	2016/7/21
15	国家林业局公告2016年第15号（外国人对国家重点保护野生动物进行野外考察等审批事项服务指南）	国家林业局公告〔2016〕15号	2016/7/25
16	国家林业局关于规范集体林权流转市场运行的意见	林改发〔2016〕100号	2016/7/29
17	国家林业局关于印发《三北防护林体系建设五期工程百万亩防护林基地建设管理办法》的通知	林北发〔2016〕138号	2016/9/30
18	中华人民共和国濒危物种进出口管理办公室（被许可人分级管理办法）公告	濒管办公告〔2016〕3号	2016/10/27
19	中华人民共和国濒危物种进出口管理办公室（广东自贸区野生动植物进出口行政许可改革）公告	濒管办公告〔2016〕5号	2016/11/8
20	国家林业局　财政部关于运用政府和社会资本合作模式推进林业生态建设和保护利用的指导意见	林规发〔2016〕168号	2016/11/18
21	国家林业局关于贯彻实施《野生动物保护法》的通知	林护发〔2016〕181号	2016/12/26

(续)

序号	文件名称	文 号	发布日期
22	国家林业局关于印发《国家林业局林木种子生产经营许可随机抽查工作细则》的通知	林场发〔2016〕185号	2016/12/28
23	国家林业局关于印发修订后的《林业行政案件类型规定》的通知	林稽发〔2016〕183号	2016/12/28

2. 林业执法与执法监督

全国林业行政案件查处　2016年，全国共发生林业行政案件19.66万起，查处19.48万起（图14）。全国共收回林地3 327.43公顷，没收苗木81.63万株、木材20.18万立方米、种子3.51万千克、野生动物36.82万头（只），涉案金额11.43亿元，责令补种树木890.84万株，行政处罚20.37万人次。案件造成损失林地7 970.51公顷、林木18.65万立方米、竹子110.68万根、幼树或苗木2 974.98万株、种子3.25万千克、野生动物24.90万只。2016年，全国林业行政案件呈现五大特点：一是案发总量基本持平。2016年全国林业行政案件发现总量较2015年减少575起，下降0.29%。二是林地案件持续上升。全国共发现违法占用征收林地案件3.67万起，较2015年增加0.46万起，上升14.33%，连续4年呈现上升趋势。但案件造成的损失林地数量呈现5年来的首次下降，较2015年减少2 369.39公顷，下降22.92%。三是林木案件数量减少。全国涉及林木案件11.22万起，较2015年减少1.42万起，下降11.23%。四是野生动物案件高发。全国涉及野生动物案件0.65万起，较2015年增加0.17万起，上升35.42%；物种主要为蛙类、鸟类和蛇类。五是其他案件增幅较大。2016年，全国共发现"其他"类型案件3.70万起，较2015年增加0.55万起，上升17.46%，主要以在森林防火期（区）内擅自野外用火或非法带入火种、自然保护区内擅自采集种源、封山禁牧区违规放牧和违法买卖林业证件文书案件为主。

图14　2007－2016年全国林业行政案件发生与查处情况

破坏森林资源案件督查督办 2016年，国家林业局派驻全国各森林资源监督专员办事处共督查督办案件3 180起，案件办结2 321起，办结率72.99%。共处理各类违法违纪人员2 660人，其中，刑事处罚390人，行政处罚1 395人，党纪政纪处分875人。收回林地3.07万亩，罚款（金）2.25亿元。

林木种苗执法 2016年，国家林业局组织开展执法检查工作，严厉打击生产销售假冒伪劣林木种苗行为，共查处案件19件，处罚没金额5.5万元，公开案件信息19件。组织开展了全国林木种苗质量监督抽查工作，对北京、河北、山西、内蒙古等16个省（自治区、直辖市）的林木种苗质量进行重点抽查，部署其他省（自治区、直辖市）、森工（林业）集团、新疆生产建设兵团进行自查。共抽查林木种子样品57个、苗木苗批732个，涉及134个县370个单位。抽查结果显示，林木种子样品合格率为86.0%，苗圃地苗木苗批合格率为91.2%，造林地抽查合格率为84.0%。

森林公安执法 2016年，全国森林公安机关共立的森林和野生动物刑事案件较2015年有所减少，破案率有所下降。打击处理违法犯罪人员2.90万人次，收缴林木7.29万立方米、野生动物26.79万头（只），全部涉案价值达 20.88亿元。进一步强化案件指导督办工作，重点指导侦破"湖南猎鸟炫照案""天津万米网海捕鸟案""云南近千棵红豆杉被盗伐案""内蒙古天鹅被毒死案"等涉林违法犯罪热点案件，及时抓捕涉案犯罪嫌疑人，向社会澄清网络谣言。

2016 年	与 2015 年相比
● 共立森林和野生动物刑事案件 2.98 万起。	● 减少 0.19 万起。
● 破案 2.18 万起。	● 破案率下降 14.84%。

执法专项行动 2016年，国家林业局积极开展"2016打击破坏野生动物资源违法犯罪活动专项行动""净网行动""严厉打击非法占用林地等涉林违法犯罪专项行动"等一系列专项行动，有力地遏制了涉林违法犯罪高发势头及破坏野生动植物等自然资源的违法犯罪行为。其中，"2016打击破坏野生动物资源违法犯罪活动专项行动"中共立刑事案件342起、抓获犯罪嫌疑人507人。"净网行动"专项打击行动成功打掉一批互联网非法交易野生动植物及制品的地下网络，共查办野生动物违法犯罪案件365起，打击处理违法犯罪人员592人，收缴野生动物4 056只（件）。"严厉打击非法占用林地等涉林违法犯罪专项行动"共出动林业执法人员60万余人次（其中森林公安民警27万余人次），查处涉林刑事案件5 769起、林政案件4.7万起，打击处理违法犯罪人员5.4万余人，打掉犯罪团伙168个，行政处罚涉案单位1 647个，收缴林地10 361公顷、野生动物56余万头（只）、林木木材4.8万立方米，涉案总值9 515万元，清理非法占用林地项目1.2万个，清理、检

查木材、野生动物非法交易场所、加工经营场所和野生动物活动区域5.8万处。

林业行政审批制度改革 2016年，国家林业局本级共依法办理林业行政许可事项4 553件。其中，准予许可4 282件，不予许可等271件。

林业行政审批制度改革稳步推进。一是继续清理行政审批事项。截至2016年底，国家林业局原有96项行政审批事项取消下放调整66项，其中，已取消下放44项，调整为政府内部审批7项，列入其他行政权力15项，拟再取消下放11项，拟保留实施行政许可事项19项。截至2016年底，清理取消11项中央指定地方实施的林业行政审批事项（表3）。二是整合简化建设项目报建手续行政许可事项。将现有的3项报建手续事项，即"勘查、开采矿藏和各项建设工程占用或者征收、征用林地审核""在林业部门管理的自然保护区建立机构和修筑设施审批"和"在沙化土地封禁保护区范围内进行修建铁路、公路等建设活动审批"整合为一项。三是推进"一个窗口"和网上审批平台建设。国家林业局行政许可受理中心投入使用，行政许可网上审批平台于2016年7月1日上线试运行。四是推广随机抽查，加强后续监管。国家林业局制定了《推广随机抽查加强后续监管工作方案》，公布了《国家林业局开展随机抽查事项清单》，出台了《国家林业局林木种子生产经营许可随机抽查工作细则》。五是清理规范行政审批中介服务。全面取消国家林业局的3项行政审批中介服务事项，即"转基因林木植株检测""建设项目使用林地可行性报告编制"和"拟建机构或设施对自然保护区自然资源、自然生态系统和主要保护对象影响评价"，并制定加强后续监管的具体措施和办法。六是启动行政审批标准化工作，成立国家林业局行政许可标准化建设工作领导小组，制定《国家林业局推进行政许可标准化建设方案》。

表3 国家林业局取消中央指定地方实施行政审批事项目录

序号	地方实施许可名称
1	对国家林业局松材线虫病疫木加工板材定点加工企业审批的初审
2	对国家林业局普及型国外引种试种苗圃资格认定的初审
3	外国人进入林业系统自然保护区审批
4	外国人对国家重点保护野生植物进行野外考察审批
5	对国家林业局负责的引进陆生野生动物外来物种种类及数量审批初审
6	对国家林业局负责的出售、收购、利用国家一级保护陆生野生动物或其产品审批初审
7	林木种子（苗木）进口初审
8	省、市、县级森林公园设立、撤销、合并、改变经营范围或者变更隶属关系审批
9	运输、携带国家重点保护野生动物或者其产品出县境审批
10	林木种子检验员考核评定
11	从相邻省区引进林木良种审批

行政复议与诉讼 2016年,国家林业局继续开展行政复议与诉讼工作。收办的行政复议案件较2015年有所增加,案件办结率提升。在办理行政诉讼应诉案件中,其中一审诉讼案件16起,二审诉讼案件6起,涉及北京、河北、吉林等12个省(直辖市)。一审诉讼案件中,已全部按照法院要求提交答辩状及相关证据材料,其中,法院已经做出判决或裁定12起,国家林业局全部胜诉;二审诉讼案件6起,案件法院都已经做出终审判决,国家林业局全部胜诉。

2016 年
- 共收办行政复议案件 46 起,已全部办结。
- 办理行政诉讼案件 22 起。

与 2015 年相比
- 增加近 1 倍的收办案件,办结案件增长 80.00%。
- 增加 1 倍的行政诉讼办理案件。

执法人员培训考核 2016年,举办了林业行政执法骨干人员培训班,传达国务院有关进一步加强行政诉讼应诉工作的要求,介绍行政诉讼典型案例及败诉风险防范经验。就信息公开行政诉讼典型案例做了专题讲座。举办林木种苗行政执法和质量管理人员培训班,培训人员150余人,主要讲解林木种苗行政处罚和执法程序,解读《中华人民共和国行政强制法》《中华人民共和国国家赔偿法》等相关法律和林木种苗许可、档案等制度以及林木种苗进出口政策和规定。

3. 林业普法

年度普法工作要点 2016年,完成了林业系统"七五"普法规划的起草工作,并正式下发各级林业主管部门;完成了林业系统全国"六五"普法先进单位和先进个人的推荐工作,经全国普法办审定后,林业系统共有4个单位6名个人获得全国"六五"普法先进称号;完成了《关于完善国家工作人员学法用法制度的意见》的落实工作;举办了全国林业普法骨干人员培训班,总结了"六五"普法工作,并对开展"七五"普法工作进行了动员和部署。

普法培训与宣传 2016年,举办了行政诉讼专题绿色大讲堂,传达学习了新《中华人民共和国行政诉讼法》的主要精神和当前应诉工作形势。加大新《中华人民共和国种子法》培训力度,举办了两期《中华人民共和国种子法》专题培训班,邀请全国人大农业与农村委员会等相关人员解读《中华人民共和国种子法》,各省(自治区、直辖市)种苗站负责人和相关人员200多人参加。2016年,全国共举办《中华人民共和国种子法》各类培训班200多期,共培训各级种苗管理人员10 000余人次。

专栏13 《全面推进林业法治建设实施意见》主要亮点

林业法治建设是全面依法治国的有机组成部分，是法治政府建设在林业领域的具体体现。2016年，国家林业局印发了《全面推进林业法治建设的实施意见》（以下简称《实施意见》）。

《实施意见》阐述了全面推进林业法治建设的重大意义，全面推进林业法治建设的指导思想和目标。全面推进林业法治建设的目标为，到2020年，形成完备的林业法律法规体系、高效的林业法治实施体系、严密的林业法治监督体系、有力的林业法治保障体系。

《实施意见》提出不断提高林业法治水平和依法行政能力的措施。从完善林业法律体系、健全林业立法机制、提高林业立法质量三个方面，提出推动林业立法、发挥立法引领和规范作用的措施。从依法全面履行林业主管部门职责、建立健全林业重大行政决策机制、加强林业规范性文件管理、推进林业审批制度改革、推进林业主管部门政务信息公开五个方面，提出了规范林业行政管理、建立高效林业法治实施体系的举措。从推进林业综合行政执法、加强林业行政执法规范化建设、健全林业行政执法与刑事司法衔接机制、落实林业行政执法责任制、开展林业普法宣传、健全预防化解纠纷机制、加强林业行政复议和应诉工作等方面，提出深化林业行政执法体制改革、建立严密的林业法治监督体系的措施。

《实施意见》强调，林业法治建设必须坚持党的领导，从落实主体责任、健全林业法制工作机构、加强林业法制队伍建设、提高林业干部法治素养和法治能力四个方面，提出全面推进林业法治建设的保障措施。

专栏14 新修订的《中华人民共和国野生动物保护法》颁布实施

2016年7月2日，第十二届全国人民代表大会常务委员会第二十一次会议通过了《中华人民共和国野生动物法》修订草案，于2017年1月1日起实施。新修订的《中华人民共和国野生动物保护法》主要变化涉及6个方面。

关于禁止违法经营利用及食用野生动物。 根据党的十八届五中全会"强化野生动植物进出口管理，严防外来有害物种入侵，严厉打击象牙等野生动植物制品非法交易"的要求，针对旧法中对违法经营利用野生动物缺乏明确监管措施和有效处罚规定等问题，新法规定利用、食用野生动物及其制品应当遵守法律法规，符合公序良俗；增加了对出售、收购、利用、运输非国家重点保护野生动物的管理及处罚规定；增加了对违法出售、收购、利用野生动物及其制品发布广告或者相关信息、提供交易场所的禁止性规定；建立了防范、打击野生动物走私和非法贸易的部门协调机制；明确对违法经营利用、食用及走私国家重点保护野生动物及其制品，依照《中华人民共和国刑法》有关规定追究刑事责任。

关于栖息地保护和野生动物保护名录调整。 针对旧法中栖息地保护有关条款过于原则，野生动物保护和栖息地保护缺乏衔接，国家重点保护的野生动物名录长期得不到调整等问题，新法在立法目的中增加了保护野生动物栖息地的内容，增加了保护有重要生态价值的野生动物、发布野生动物重要栖息地名录、防止规划和建设项目破坏野生动物栖息地的规定；细化了对野生动物及其栖息地的调查、监测和评估制度，明确对国家重点保护的野生动物名录定期评估、调整和公布。

关于加强人工繁育管理。 针对旧法中对野外种群和人工繁育种群缺乏分类管理、对人工繁育产业缺乏具体管理要求和措施等问题，新法明确对人工繁育国家重点保护野生动物实行许可制度；规定人工繁育国家重点保护野生动物的，应当根据野生动物习性确保其具有必要的活动空间和生息繁衍、卫生健康条件，具备与其繁育目的、种类、发展规模相适应的场所、设施、技术和资金，并符合有关技术标准，不得虐待野生动物。

关于野生动物保护资金。 针对旧法中对野生动物保护中央和地方事权与责任划分不清、扶持政策规定不完善的问题，新法规定各级人民政府应当加强对野生动物及其栖息地的保护，制定规划和措施，并将野生动物保护经费纳入预算，对因保护野生动物造成的损害，规定由当地人民政府给予补偿或者实行相关政策性保险制度，中央财政予以相应补助，明确了中央政府相应的财政支出责任。

关于法律责任。 针对旧法对部分违法行为责任追究不明确、处罚力度太小的问题，新法增加了禁止性规定及相应的法律责任，具体规定了罚款额度，增加并细化了有关政府责任的条款内容，加重了执法人员责任。

关于审批制度改革。 根据当前国家审批制度改革的实际情况，新法减少了1项行政审批，将4项行政审批下放至省级野生动物保护主管部门。

F

P73-84

林业投资

- 资金来源
- 资金使用
- 林业固定资产投资
- 林业建设资金管理

林业投资

2016年，世界经济增长依然低迷，中国经济下行压力持续加大，中央财政收入增速继续回落。在诸多不利因素影响下，2016年全国林业建设投资仍实现了较高增速，主要原因包括新增了国家公园、生态护林员、国有林区防火应急道路等资金投入渠道，启动了国家级自然保护区和湿地保护大项目建设试点，营造林中央投资补助标准大幅提高，东北、内蒙古重点国有林区基建项目中央投资比例由80%提高到90%，87个重点国有林区林业局单列纳入国家重点生态功能区范围，退耕还湿试点范围由5个省扩大到8个省，沙化土地封禁保护试点县由2013年的30个扩大到71个。2016年，林业建设投入中央资金1 133亿元，扣除政策到期等不可比因素，同口径比2015年增长19%。

（一）资金来源[3]

我国林业建设资金主要来源包括：国家预算资金、国内贷款、利用外资、自筹资金、债券和其他资金来源（如社会集资、无偿捐赠等）。2016年，全国林业完成投资4 509.57亿元。按来源分（图15），国家预算资金2 151.73亿元（其中，中央财政资金1 061.08亿元，占全部完成投资的23.53%），国内贷款348.32亿元，利用外资16.50亿元，自筹资金1 541.41亿元，其他资金451.61亿元。

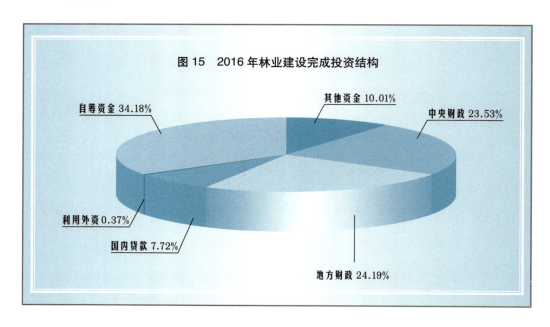

图15 2016年林业建设完成投资结构

---

[3]本年度"资金来源"是指当年完成投资的来源，并非当年到位资金的来源。

1. 国家预算资金

国家预算资金，是指中央财政和地方财政中由国家统筹安排用于林业建设与保护的资金，包括基本建设资金和中央财政安排用于林业建设的资金。2016年，投向林业建设与保护的国家预算资金2 151.73亿元，其中，中央财政资金为1 061.08亿元，占全部国家预算内资金的49.31%；地方财政资金1 090.65亿元，占50.69%。

2. 国内贷款

国内贷款，是指从国内银行和非银行金融机构借入、用于林业建设和发展的资金，包括银行利用自有资金及吸收的存款发放的贷款、上级主管部门拨入的国内贷款、国家专项贷款，地方财政专项资金安排的贷款、国内储备贷款、周转贷款等。2016年林业建设完成投资中，国内贷款348.32亿元。

为支持林业可持续发展，我国对林业行业符合规定的有利于增绿、惠民、富民的贷款实行利息、补贴，以带动引导金融和社会资本投入林业领域。2016年，国家林业局下达林业贴息贷款计划385.00亿元，较2015年增加95.00亿元，增长32.76%。2016年，中央财政对2015年1月1日至2015年12月31日期间落实的新增林业贷款和以前年度贷款余额进行贴息，共安排贴息资金6.50亿元，比2015年度增长18.18%；扶持林业贴息贷款规模240.00亿元，比2015年度增长21.21%。其中，农村信用社发放林业贴息贷款110.00亿元，占当年度林业贴息贷款总额的45.83%，位居各类银行之首；中国农业银行发放林业贴息贷款24.00亿元，占10.00%，位居第二；中国建设银行发放林业贴息贷款14.00亿元，占5.83%，位居第三；中国工商银行发放林业贴息贷款13.00亿元，占5.42%，位居第四；中国邮政储蓄银行发放林业贴息贷款7.00亿元，占2.92%，位居第五。

专栏15　林业贴息贷款助推云南林业产业全面发展

在林业贷款中央财政贴息政策及金融信贷政策的支持下，云南林业产业全面发展，按照"生态建设产业化、产业发展生态化"的林业发展思路，实现了生态建设与产业发展并重、生态改善与林农获益双赢的重大转变。

2016年，云南省共兑付贴息资金14 185.7万元，其中，中央财政贴息资金7 507.3万元，省级贴息补助6 678.4万元。贷款贴息全面支持林业产业发展，取得成效主要有以下三点。一是生态效益。全年造林及抚育面积292万亩，新增有林地面积159万亩，对提高云南省森林覆盖率，尤其为广大山区、沙区涵养水源、保持水土、防止泥石流等自然灾害起到积极作用。二是社会效益。全年落实林业小额项目贷款近13亿元，中央和省级拨付贴

> 息6 269万元，使8 000多户农户或林业职工受益，同时扶持了部分发展前景好、还贷能力强的林业加工企业，全年加工贷款项目共安置农村剩余劳动力就业近万人，带动农户达16万余户，带动农民年增收近1.3亿元。三是经济效益。通过林业贴息贷款项目的实施，2015年拉动社会资金投入林业建设达42亿元。当年度已投产项目全年创产值39亿元，创利税6亿元，有力促进了云南省林业产业的发展。

3. 利用外资

利用外资，是指当年林业建设中使用的国外资金，包括国外贷款、中外合资项目中的外方投资、无偿援助以及对外发行债券和股票等。2016年，林业实际利用外资2.44亿美元（折合人民币16.50亿元），比2015年减少35.78%。其中，国外借款0.55亿美元，外商直接投资1.78亿美元，无偿援助0.11亿美元，分别占林业实际利用外资总规模的22.65%、72.90%和4.45%。林业实际利用外资金额占全国实际使用外资金额的0.19%，比2015年下降0.11个百分点（图16）。

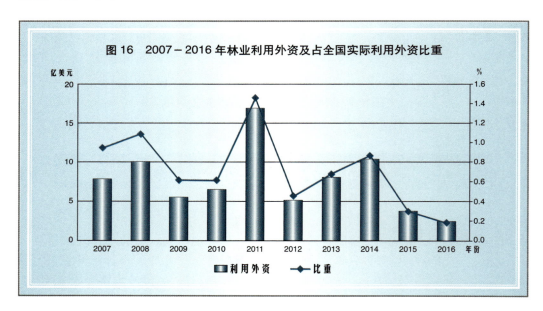

图16　2007－2016年林业利用外资及占全国实际利用外资比重

4. 自筹及其他资金

自筹资金，是指林业建设单位收到来自上级主管部门、地方和企事业单位，用于林业建设与发展的资金。2016年，林业建设与发展完成投资中，由林业部门自筹1 541.41亿元，占当年完成投资的34.18%。

其他资金，是指用于当年林业建设与发展的上述其他来源以外的资金，包括个人资金、无偿捐赠和群众集资等。2016年，用于我国林业建设的其他来源资金为451.61亿元，占全年完成投资的10.01%。

（二）资金使用

林业投资主要用于生态建设与保护、林业产业发展、林业支撑与保障体系建设、林业民生工程建设等。2016年，林业建设完成投资4 509.57亿元，与2015年相比增长5.11%；其中，中央财政投资1 061.08亿元，地方财政投资1 090.65亿元，国家投资占全部林业投资完成额的47.71%，与2015年相比提高9.73个百分点。

分地区看，东部地区林业投资完成额1 167.02亿元，与2015年相比增长0.86%；中部地区林业投资完成额896.01亿元，增长17.82%；西部地区林业投资完成2 117.34亿元，增长3.83%；东北地区林业投资完成额296.26亿元，与2015年相比减少7.49%（图17）。

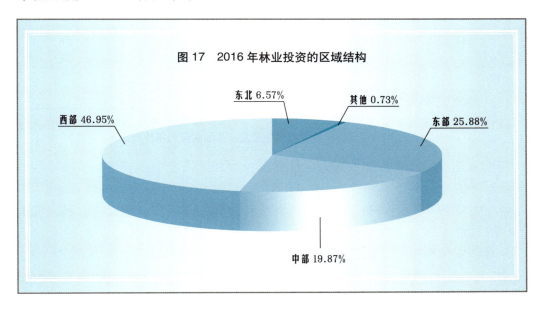

图17　2016年林业投资的区域结构

1. 生态建设与保护

林业生态建设与保护资金主要用于当年造林、更新、森林抚育、沙地治理与封禁、野生动植物保护与自然保护区建设、湿地保护与恢复、生态保护补偿等。2016年，林业生态建设与保护完成投资2 110.00亿元，占全部林业投资完成额的46.79%，比2015年增长4.60%；其中，中央财政投资900.50亿元，地方财政投资674.98亿元，国家投资占林业生态建设与保护投资的74.67%。

林业生态建设与保护投资中，用于营造林（包括人工造林、飞播造林、无林地与疏林地封育、更新、森林抚育等）1 359.56亿元，与2015年相比增长18.11%；湿地恢复与保护投入57.74亿元，与2015年相比减少6.46%；野生动植物保护及自然保护区建设投入23.83亿元,减少22.68%;防沙治沙投入19.08亿元,与2015年相比增长30.51%;生态保护补偿303.17亿元,增长5.41%;国家林业局直属单位收入346.62亿元,减少26.46%(图18)。

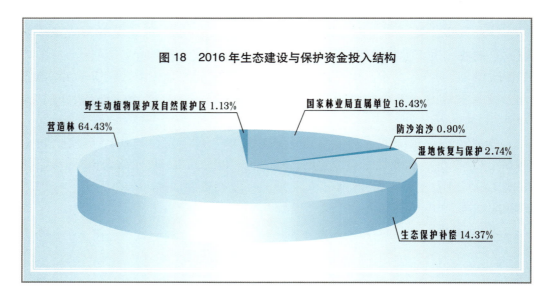

图18　2016年生态建设与保护资金投入结构

2. 林业支撑与保障

林业支撑与保障资金主要投向林木种苗培育、森林防火与森林公安、林业有害生物防治、林业科技教育、林业信息化建设、林区棚户区(危旧房)改造、安全引水工程和林区公益性基础设施建设。2016年,全国林业支撑与保障投资为403.38亿元,占全部林业投资的8.94%,与2015年相比提高1.24个百分点[④];其中,中央财政资金115.90亿元,地方财政资金102.97亿元,国家投资占林业支撑与保障投资的54.26%。

林业支撑与保障资金中,林木种苗培育资金投入90.42亿元,与2015年相比增长1.19%;森林防火与森林公安投入57.78亿元,增长11.78%;林业有害生物防治投入25.23亿元,增长3.87%;林业科技教育投入8.47亿元,增长11.15%;林业信息化建设投入2.43亿元,与2015年相比减少33.79%;林区棚户区(危旧房)改造投资33.51亿元,减少8.37%;林区公益性基础设施建设投资52.84亿元,增长11.27%;其他投资132.70亿元。

3. 林业产业发展

扶持林业产业发展的资金主要用于支持工业原料林、特色经济林、木本油料、花卉种植、林下经济、林产品加工和森林旅游康养等产业发展。2016

---

④ 2015年林业支撑与保障资金包括林木种苗、森林防火与森林公安、林业有害生物防治、科技教育、林业信息化等,林业民生工程投资包括棚户区(危旧房)改造、社会性基础设施建设等;2016年将两部分合并为林业支撑与保障资金。

年，全国扶持林业产业发展投入资金1 741.93亿元，占全部林业完成投资额的38.63%，与2015年相比增加11.33%；其中，中央财政投资21.08亿元，地方财政投资82.03亿元，国家投资占当年林业产业投资的5.92%，在2015年基础上继续大幅增长，但支撑林业产业发展的资金投入90%以上依靠社会和民间资本。

扶持林业产业发展的资金中，工业原料林建设投入127.29亿元，与2015年相比减少9.49%；特色经济林建设投资120.77亿元，增长25.72%；木本粮油林建设投入70.01亿元，增长53.13%；花卉种植资金投入106.93亿元，增长8.88%；发展林下经济投入235.73亿元，减少2.97%；木竹制品加工制造业投入317.36亿元，减少11.00%；木竹家具制造业投入162.16亿元，增长56.39%；木竹浆造纸业投入95.12亿元，增长114.33%；非木质林产品加工制造业投入71.87亿元，增长21.71%；林业旅游康养业投入资金211.51亿元，与2015年相比增加50.26%。

相比之下，种植养殖业和森林休闲康养产业是政府投资支持的重点；但休闲康养业的投入资金总量较少，仅占林业产业扶持资金的12.14%。

专栏16　国家储备林贷款首次超过中央造林投资规模

以国家储备林建设为突破口，国家林业局与国家开发银行、农业发展银行（以下简称两行）创新了与林业生产经营周期相符合的贷款产品。贷款政策扩大到林业五大领域，即：国家储备林基地建设；全面保护天然林以及大江大河源头生态建设等林业重点工程；林业产业发展，包括森林公园、湿地公园、沙漠公园、野生动物园等生态旅游开发等；国有林区林场基础设施建设和产业转型发展；林业精准扶贫、林业精准脱贫等项目。贷款期限可达30年（含不超过8年的宽限期），执行基准利率，最低资本金率。截至2016年12月底，在天津、河北、山东、广西、贵州等省（自治区、直辖市）已经有40多个项目贷款获得批准，签署了1 050亿元的林银贷款协议，贷款额度755亿元，已经放款152亿元，贷款规模首次超过中央造林投资规模，完成建设任务400万亩。探索了覆盖全国的四种可复制、可推广的融资模式，即：广西"统贷统还、融资担保、契约管理、按期还款"，天津"分贷分还、借用管还、政府回购、委托代建"，张家口"市级统筹、市县分担、平台运作、合同管理"，吉林森工"域外转型、产业升级、促进改革、保障民生"模式。

(三)林业固定资产投资

林业固定资产投资[5],是指用于建造和购置使用年限在一年以上,单位价值在规定标准以上,使用过程中保持原来物质形态的资产的林业资金投入。2016年,实际到位林业固定资产投资合计1 448.94亿元,与2015年相比增长13.68%。

1. 投资来源

2016年,全国新到位林业固定资产投资1 423.42亿元,占当年林业固定资产投资来源的98.24%,与2015年相比增长13.67%;2015年末结余林业固定资产投资25.52亿元。

2016年新到位林业固定资产投资中,中央财政资金211.55亿元,地方财政资金182.01亿元,与2015年相比国家投资增长40.61%;国内贷款57.20亿元,增长0.99%;利用外资(折合人民币)6.79亿元,减少45.02%;自筹资金840.98亿元,增长1.84%;其他资金来源124.89亿元,增长60.98%(图19)。

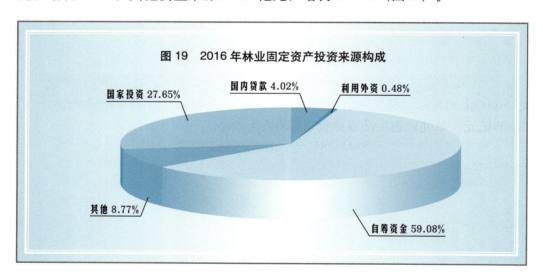

图19 2016年林业固定资产投资来源构成

2. 投资完成情况

2016年,全国完成林业固定资产投资1 389.20亿元,与2015年相比增长8.50%,计划(1 052.59亿元)完成率为131.98%。

林业固定资产投资按构成分为建筑工程、安装工程、设备工器具购置及其他。2016年,林业建筑工程固定资产投资完成388.92亿元,与2015年相比增长5.60%;安装工程完成固定资产投资65.06亿元,与2015年相比减少9.13%;设备工器具购置完成固定资产投资181.99亿元,增长12.72%;其他固定资产投资完成额753.23亿元,增长10.93%。总体上,林业固定资产投资结构未发生

---

[5] 此处的固定资产投资,是指按照项目管理的,计划总投资在500万元以上的城镇林业固定资产投资项目和农村非农户林业固定资产投资。

明显变化（图20）。

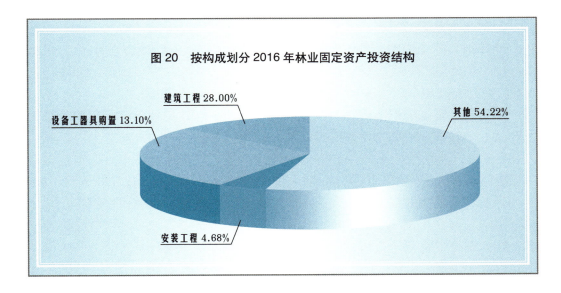

图20 按构成划分2016年林业固定资产投资结构

林业固定资产投资按建设性质划分为新建、扩建、改建和技术改造、单纯建造生活设施、迁建、恢复、单纯购置等。2016年，新建固定资产投资完成750.00亿元，扩建固定资产投资完成339.90亿元，改建和技术改造投资完成227.09亿元，单纯建造生活设施投资7.36亿元，迁建和恢复固定资产投资19.57亿元，单纯购置固定资产投资45.28亿元；在当年林业固定资产投资完成总额中所占比重依次为53.99%、24.47%、16.34%、0.53%、1.41%和3.26%。

（四）林业建设资金管理

1."三个平台"建设与管理取得成效

为全面加强林业计划财务工作的党风廉政建设，推进林业项目资金管理的科学决策、高效运转和公开监督，从源头上约束和监督权力运行，国家林业局以建设重大专题研究会商平台、资金项目会商平台、信息共享平台等"三个平台"为核心，建立林业项目资金会商决策机制。2016年"三个平台"开始建设试运行，着重开展完成三个方面工作：第一，围绕项目资金分配管理这条主线查找风险点及薄弱环节，为有针对性地研究提出解决方案打下基础，由涉及的关键处室，认真梳理业务流程，查找自身存在的廉政风险点及薄弱环节；第二，在厘清工作廉政风险点及薄弱环节基础上设计解决方案；第三，依靠信息化管理实现全过程监督，对林业项目资金管理运行全过程进行监控，对各项业务内部控制进行管理，做到过程有痕迹、责任可追溯，实现系统内部控制的信息化、程序化和常态化。"三个平台"的建设运行，实现了林业项目资金管理的"三个转变一个减少"，即：由封闭决策向开放决策转变、由分散决策向集中决策转变、由少数人决策向集体决策转变,减少了项目资金管理的自由裁量权。

2. 中央林业资金稽查

2016年,林业资金稽查的制度建设与能力建设进一步加强。重点组织开展了沙化土地封禁保护区、林业国家级自然保护区、林业有害生物防治和森林抚育4项中央财政补贴资金的稽查工作。

林业资金稽查的制度建设　制定颁发了《国家林业局林业资金稽查工作规定》,对加强林业资金的监督管理、建立健全资金监督制约机制、保证林业项目顺利实施、确保资金安全、提高资金使用绩效、促进林业投资目标实现将发挥积极作用。

林业资金稽查的能力建设　进一步完善林业资金稽查监管信息系统,做好扩大试点工作。在吉林省的试点工作基础上,稳步推进系统在湖南省的扩大试点工作。举办了林业资金稽查业务培训班,对来自各省级林业主管部门的稽查工作负责人、管理人员、部分重点项目市(县)林业资金稽查工作人员100余人进行了培训。培训班安排了林业财政政策及财政专项资金管理、林业基本建设项目管理、强化审计监督探讨、审计具体案例分析和经验介绍等内容的授课,以提高稽查人员稽查技术和能力。

沙化土地封禁保护区补贴资金稽查　重点稽查内蒙古、甘肃、陕西、宁夏、青海和新疆6个省(自治区)2013-2015年度中央财政沙化土地封禁保护区补贴资金,涉及补贴资金总额为8.6亿元。共派出了6个稽查工作组28人次赴6省(自治区)对第一批沙化土地封禁保护区补贴试点的29个县(区、旗)进行抽查。抽查资金5.3亿元,占6省(自治区)资金总额的61.63%;查出违法违规资金3 177.31万元,占抽查资金的5.99%。

林业国家级自然保护区补贴资金稽查　组织开展了对内蒙古、甘肃、陕西、河南、湖南、广西、宁夏、青海和新疆9个省(自治区)2014-2015年林业国家级自然保护区补贴资金的重点稽查,涉及资金总额3.08亿元。选取的9个省(自治区)中,包括沙化土地封禁保护区补贴资金涉及的6个省(自治区);另派出3个稽查工作组12人次,对河南、湖南和广西3省(自治区)进行重点稽查。各稽查工作组共抽查了19个项目实施单位,抽查资金7 196万元,占9省(自治区)资金总额的23.36%;查出违法违规资金617.99万元,占抽查资金的8.59%。

林业有害生物防治补贴资金稽查　组织开展了对内蒙古、甘肃、陕西、河南、湖南、广西、宁夏、青海和新疆9个省(自治区)2014-2015年林业有害生物防治补贴资金的重点稽查,涉及资金总额1.82亿元。各稽查工作组共抽查了21个项目实施单位,抽查资金874万元,占9省(自治区)资金总额的4.8%;查出违法违规资金82.35万元,占抽查资金的9.42%。

森林抚育补贴资金稽查 组织开展了对内蒙古、甘肃、陕西、河南、湖南、广西、宁夏、青海和新疆9个省（自治区）2014－2015年森林抚育补贴资金重点稽查，共涉及补贴资金总额24.41亿元。各稽查工作组共抽查了21个项目实施单位，抽查资金1.49亿元，占9省（自治区）资金总额的6.10%；查出违法违规资金847.27万元，占抽查资金的5.69%。

G P85-104

支撑与保障

- 森林资源管理
- 林木种苗
- 森林防火和森林公安
- 林业有害生物防治
- 野生动物疫源疾病监测防控
- 林业安全生产
- 林业科技
- 林业教育
- 林业信息化
- 林业工作站
- 国有林场
- 森林公园
- 林业职工队伍

支撑与保障

2016年，林业支撑与保障力度加强。森林资源管理能力提高；林业种苗行业管理进一步加强；森林公安成果丰富，防控森林火灾能力明显加强；林业有害生物防治稳步推进；野生动物疫源疾病监测防控体系不断完善；林业科技成果推广进一步加快；林业信息化顶层设计取得多项成果；林业工作站建设稳步推进；国有林场改革取得积极进展；森林公园建设进一步加强。

（一）森林资源管理

林地占用征收管理　2016年，全国共审核审批建设项目使用林地2.74万项，使用林地面积18.62万公顷，收取植被恢复费189.32亿元。林地审核审批管理进一步规范。一是各级林业主管部门严格执行《建设项目使用林地审核审批管理办法》等规定，按照林地保护利用规划审核审批建设项目使用林地。二是强化林地定额管理工作，严格执行《占用征收林地定额管理办法》有关规定，优先保障基础设施、公共事业和民生项目需要，严格控制经营性项目，因地制宜、节约集约使用林地。三是出台建设项目使用林地相关政策，督促各省（自治区、直辖市）将《财政部　国家林业局关于调整森林植被恢复费征收标准引导节约集约利用林地的通知》尽快落实到位；下发了《国家林业局关于光伏电站建设使用林地有关问题的复函》，明确各地可依据本地光伏产业发展规划在天然林资源保护工程区的宜林地建设光伏电站。四是严格执行建设项目使用林地审核审批网上申报制度，除涉密项目外，各级林业主管部门审核审批的全部项目上网申报，实行网上审批与纸质审批并行办理。

森林资源清查及动态监测　2016年，森林资源清查及动态监测成果丰富。一是第九次全国森林资源清查工作进展顺利，北京、河北等6省（自治区、直辖市）共调查地面样地53 734个，清查面积370万平方千米。二是全国林地变更调查稳步推进。出台了《林地变更调查工作规则》，建立了按年度更新林地"一张图"的工作制度。组织内蒙古等7个省级单位开展林地变更调查，组织内蒙古等四大森工企业开展林地年度变更调查，将林地保护利用现状及林地变化情况的数据更新到林地"一张图"数据库中，为林地保护管理乃至有关林业生态建设提供基础支撑和决策依据。三是开展全国森林资源宏观监测工作，处理和裁切大样地遥感影像5.27万块，图像处理工作量累计1.2万个工作日。四是推进东北、内蒙古重点国有林区二类调查工作。全年完成东北、内蒙古重点国有林区16个单位的二类调查，总面积549万公顷。

森林资源监督　一是出台了《国家林业局关于进一步加强森林资源监督工

作的意见》，森林资源监督工作机制不断创新，黑龙江、大兴安岭等8个森林资源监督专员办事处与监督区的省级人民检察院建立了联合工作机制；武汉等森林资源监督专员办事处启动了"森林资源监督专员办事处、林业工作站协同"工作机制试点。二是各森林资源监督专员办事处扎实开展案件督查督办工作。云南森林资源监督专员办事处采取现地督办、约谈地方党政主要领导等措施，督促地方强制拆除违建别墅；内蒙古森林资源监督专员办事处督促查办案件146起，追溯问责35人等。三是认真执行《森林资源监督报告》制度。15个森林资源监督专员办事处分别向31个省（自治区、直辖市）及有关单位提交了监督报告，反映的问题主要有林地被非法侵占，案件查处不到位，国有林地遭侵蚀，林木采伐管理制度执行不严，基层基础工作薄弱等问题。四是全国森林资源管理情况检查共查出各类违法违规项目（包括建设项目、土地整理、非法开垦林地三类）2 208项，面积5 070.7公顷。发现并监督地方查处整改违法占用林地和违法采伐林木案件1 500多起。

森林采伐管理　一是2016年2月，国务院印发了《全国"十三五"期间年森林采伐限额的批复》；国家林业局下发了《国家林业局关于切实加强"十三五"期间年森林采伐限额管理的通知》。二是全国强化森林资源管理情况，共查出违法采伐林木蓄积10.75万立方米。国家林业局组织抽查的351个有证伐区中，有45个伐区存在超证（含改变采伐方式、串树种采伐）采伐问题，共超采8 713立方米；共查出285个无证成片伐区，采伐蓄积5.2万立方米。

（二）林木种苗

林木种苗工程　2016年，中央预算内投资计划下达林木种质资源保护工程投资1亿元，投资金额比2015年减少50%。投资范围覆盖了12个省份16个续建项目，其中，地县级林木种苗质检能力建设项目6个，投资4 705万元，林木良种基地建设项目7个，投资2 740万元，林木种质资源收集保存库项目2个，建设投资2 129万元，其他项目1个，投资426万元，分别占当年中央预算内投资的47.05%、27.40%、21.29%和4.26%。

林木种苗生产　2016年，全国实有苗圃的数量比2015年减少，育苗面积却比2015年有所增加，育苗总量显著提升（表4）。其中，国有苗圃（含国有林场等国有单位所属苗圃）4 863个，比2015年减少22.44%，面积7.04万公顷，比2015年减少17.78%。2016年，全国共采收林木种子3 182万千克，比2015年增长20.35%；穗条66亿株，比2015年减少54.79%。林木良种基地良种产量188万千克，生产良种穗条29.1亿株。

表4 2015－2016年全国苗圃变化情况

年份	苗圃个数（万个）	育苗面积（万公顷）	育苗总量（亿株）
2016	36.52	140.74	704.4
2015	37.16	136.70	671.3

林业种苗行业管理 2016年，林业种苗行业管理进一步加强。一是林木种质资源保护工作稳步推进。国家林业局印发了《林木种质资源普查技术规程》，出台了《国家林木种质资源库管理办法》，确定了第二批86处国家林木种质资源库。截至2016年，全国共有23个省（自治区、直辖市）已经完成或正在开展林木种质资源普查工作。二是国家重点林木良种基地管理全面加强。批复了172个国家重点林木良种基地"十三五"发展规划，开展了国家重点林木良种基地考核和国有苗圃普查工作。三是打击制售假冒伪劣林木种苗行为。对北京、河北等16个省（自治区、直辖市）的林木种苗质量进行抽查，抽查结果显示，林木种子样品合格率为86.0%，苗圃地苗木苗批合格率为91.2%，造林地抽查合格率为84.0%；举办了林木种苗行政执法和质量管理人员培训班，培训人员150余人。四是全国林木种苗质检员网络培训平台正式运行。

国家林木种质资源设施保存库建设 2016年，国家林木种质资源设施保存库（主库）（以下简称"国家主库"）建设迈出坚实一步。一是召开"国家主库"建设领导小组专题会议，研究国家主库有关建设事宜。二是成立"国家主库"建设领导小组和专家咨询组，明确各成员单位的主要职责和组成人员。三是编制完成了《"国家主库"项目建议书》，通过了专家论证。四是局务会议审议通过《"国家主库"项目建议书》，建设目标为建成能够容纳100万份林木种质资源的"国家主库"，并在建成后10年内收集保存我国主要造林树种、珍稀濒危物种、重点乡土树种和引进树种种质资源30万份；功能定位为国家战略储备、重大科学研究和技术研发支撑、国际合作交流场所、科普教育展示等。

（三）森林防火和森林公安

2016年，全国共发生森林火灾2 034起（图21），比2015年下降30.72%，发生次数逐年降低；其中，一般火灾1 340起，较大火灾693起，重大火灾1起，分别比2015年减少20.05%、44.74%和83.33%；未发生特大森林火灾。查明火源火灾次数1 646起，占火灾总数的80.92%。人为因素引发火灾依然是森林火灾发生的主要原因，其中，烧荒烧炭376起，上坟烧纸576起，野外吸烟92起，分别占火灾总数的18.49%、28.32%和4.52%。2016年，全国森林火灾受害森林面积6 224公顷（图21），比2015年减少51.90%。人员伤亡36人，比2015年增加38.46%；其中，死亡20人，轻伤9人，重伤7人。

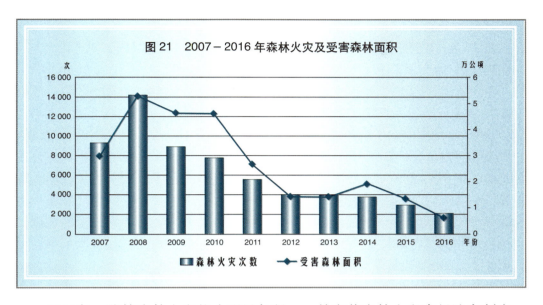

图21 2007-2016年森林火灾及受害森林面积

2016年,防控森林火灾能力明显加强。一是完善森林火灾责任追究制度,推进森林防火行政首长负责制落实。二是加强国际业务交流。举办中俄第四次、中蒙第三次边境地区森林防火联防会晤,提高了边境地区森林火灾联防工作水平。三是创新森林防火宣传形式。在中央电视台、《中国绿色时报》等媒体刊发森林防火宣传报道文章500余篇;建立了"森林防火虎威威"微信群,推出中国森林防火微信公众订阅号;在《人民日报》客户端政务发布大厅开通"中国森林防火、森林公安"账号,发布防火新闻57条、森林火险气象等级预报58条;做好森林防火公共信息的网络平台发布,审核通过各省份森林防火信息4 500篇;编发《中国森林防火手机报》320期、发布官方微博45条。四是建立完善森林防火标准化体系。出台了《森林防火视频监控技术规范》《森林火险预警信号分级及标识》等18项林业行业标准。五是加强森林防火能力建设。2016年中央基本建设投资14亿元,启动了东北、内蒙古国有林区森林防火应急道路和无人机试点建设项目;向云南、河北等20多个省(自治区、直辖市)调拨各类扑火装备物资4万余件(台、套);严格执行"有火必报"和热点核查"零报告"制度;做好卫星林火监测,制作发布监测图像8 865幅,报告热点3 010个,反馈为各类林内用火1 558起。武警森林部队和有关省(自治区、直辖市)开展军民融合"五联"(联防、联训、联指、联战、联保)机制试点,提升整体作战效能,举办中蒙边境地区"五联"机制灭火作战演练;国家林业局办公室印发《关于开展森林消防专业队认证试点工作的通知》,推进森林消防专业队认证试点工作。2016年,在19个省(自治区、直辖市)开展了森林航空消防工作,租用飞机262架次,累计飞行5 508架次,空中发现火灾73起,参与处置火灾105起;机降飞行126架次,机降扑火队员2 050人次,抛撒防火宣传单20万份,航护面积331.61万平方千米。探索推进无人机应用与管理工作，目前全国已配备森林防火无人机115架。

2016年，森林公安工作成果丰富。一是扩大与国际社会执法合作。先后派员参与在泰国国际执法学院举办的野生动物调查员培训、国际刑警组织第二十七次野生动植物工作组会议等。二是加强森林公安系统林区治安防控体系建设，指导全国五大区域召开警务合作联席会议，组织召开县级以上警务合作联席会议953次，建立合作机制、章程、规范860个。三是加强森林公安队伍建设。对11个省（自治区、直辖市）17名拟任领导进行了任前考察，21个省级森林公安局局长进班子或高配，地（市、州）176位、县（区）级762位森林公安机关主要领导任林业部门副职或"进班子"。2016年，全国森林公安实际招录1 575人。推动职业保障制度改革，99%的市级、99%的县级公安机关兑现警衔津贴新标准。全国投入训练经费6.7亿余元。四是推进森林公安基础设施建设及装备水平。中央财政森林公安转移支付资金6.2亿多元，推进基础信息化建设，全国森林公安金盾网络总体接入率达到97%，信息采集室建成率64%，执法场所视频监控建成率达到68%，刑事案件网上流转率达到83%，北京、河北等29省（自治区、直辖市）刑事案件实现网上办案，其中，17个省份实现刑事案件网上流转率100%。

（四）林业有害生物防治

2016年，全国主要林业有害生物发生面积1 211.34万公顷，其中，重度发生面积68.68万公顷（表5、图22）。全国完成林业有害生物防治面积833.82万公顷，主要林业有害生物成灾率控制在4.5‰以下，无公害防治率达到85%以上。

表5　2016年有害生物防治情况

指　标	面　积（万公顷）	与2015年相比（%）
全国主要林业有害生物发生面积	1211.34	-0.58
其中：重度发生面积	68.68	-15.10
森林虫害	857.02	1.23
有害植物	19.92	11.66
森林病害	138.89	-0.12
森林鼠（兔）害	195.51	-8.99

2016年，林业有害生物防治工作进一步强化。一是贯彻落实《国务院办公厅关于进一步加强林业有害生物防治工作的意见》。认真执行有害生物防治情况月报制度；全国31个省（自治区、直辖市）人民政府印发了贯彻落实文件，13个省级及部分市、县级林业有害生物防治检疫机构落实了有毒有害岗位津贴政策。二是防范外来有害生物。举办了亚太地区棕榈科植物有害生物及入侵性

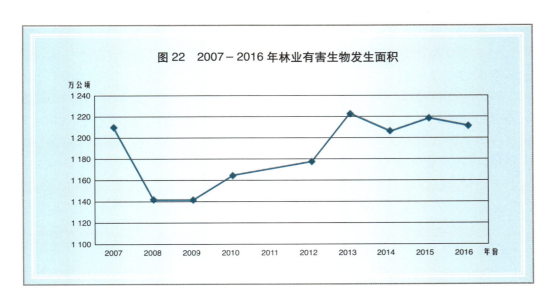

林业蛀干害虫防治研讨会暨培训班;有效应对了新疆葡萄蛀果蛾、苹果枝枯病等重大入侵生物灾害事件。三是加强有害生物灾害预防。组织开展2016年全国林业有害生物和美国白蛾等重大单一种类的发生趋势会商,印发《警惕夏季气候异常导致林业病害暴发成灾》《警惕松材线虫病疫情北扩》等警示通报,在中央电视台气象栏目播报"持续干旱将引发杨小舟蛾危害加重"等林业有害生物发生趋势预报信息3次,向社会发布了松材线虫、美国白蛾疫区。四是进一步提升依法行政能力。全年查处刑事案件4件、行政案件2 731起。五是创新林业有害生物防治机制。推进安徽、江西、湖北、四川、内蒙古、陕西、青海、新疆8个松材线虫病、鼠(兔)害防治国家级试点示范工作,推广社会化防治机制。六是强化重大林业有害生物治理。向各地下达"十三五"林业有害生物防治工作"四率"指标任务,开展2016年重点地区重大林业有害生物防治工作督导。督促各地加快推进落实《2015-2017年重大林业有害生物防治目标责任书》,截至2016年,全国有27个省(自治区、直辖市)健全了地方政府间和林业部门间的"双线"责任制。七是初步完成了第三次全国林业有害生物普查成果汇总工作,摸清了本土林业有害生物和外来入侵物种的种类及发生分布情况,已累计发现国内、省内新记录病虫种类300余种。

(五)野生动物疫源疾病监测防控

2016年,全国共报告野生动物异常情况86起,死亡野生动物51种6 818只(头);发生湖北狮H5N1高致病性禽流感、西藏野鸟H5N8高致病性禽流感和新疆北山羊小反刍兽疫等12种26起一般野生动物疫情;在雁鸭类、鸻鹬类等鸟类中监测发现13个亚型禽流感病毒84株。

2016年,野生动物疫源疾病监测防控工作有序推进。一是完善了《国家突发野生动物疫情应急预案》等规章制度。二是国家林业局印发了《关于加强春季鸟类禽流感等野生动物疫源疫病监测防控工作的紧急通知》等3个文件。三是加强监测防控信息管理系统和移动采集系统的功能优化和推广应用等工作，出台了《野生动物疫源疫病监测防控标准站建设指南》，遴选了34家标准站建设试点单位。四是印发了《2016年重要野生动物疫病主动预警工作实施方案》，采集野生动物样品22 209份。五是申报了《迁徙野生动物疫源疫病传播风险研究项目》等4个生物安全领域的国家重点研发计划项目，获得国家批复并实施。六是举办4期国家级、20余期省级野生动物疫源疫病监测防控技能培训和应急演练。七是派出专项工作组20余人次，开展样品采集、流行病学调查，指导处置野鸟高致病性禽流感等26起野生动物疫情。

（六）林业安全生产

一是贯彻落实国务院安全生产委员会重点工作部署。印发《林业行业遏制重特大事故工作方案》，要求各地按照国务院安全生产委员会的要求，认真排查生产安全隐患，及时发现和化解隐患，确保从源头上遏制重特大事故发生；抓汛期工作部署，印发《国家林业局关于进一步加强汛期林业安全生产工作的通知》，从落实责任、监测预警、隐患排查、应急管理等四个方面提出了具体要求；抓危险化学品专项整治，组织开展了林业行业危险化学品安全专项整治活动，排查治理林业系统生产经营单位危险化学品安全隐患；抓安全生产大检查部署，先后2次下发局办公室文件对岁末年初林业行业开展安全生产大检查工作进行动员部署。二是抓实林业安全生产工作。对重要节假日期间林业系统安全生产工作进行部署，确保平安过节；按照职能分工，加大对国有林区、国有林场、林业自然保护区、森林公园、湿地公园、沙漠公园等有关地区和单位安全生产工作的指导力度；明确企业安全生产主体责任，特别要求五大森工要接受地方安监部门监管，依法落实好企业安全生产主体责任。三是建立林业安全生产专家库，筹建林业安全生产问题研究、技术咨询与评估等专家组，各地已推荐上报专家45名；组织编制《国家林业局生产安全事故应急预案》，督促14个省（自治区、直辖市）编制完善了省级林业部门安全生产应急预案。四是完成林业安全生产巡查任务。按照国务院安全生产委员会的部署，分别于2016年5月和10月赴湖南、黑龙江、山东参加国务院安全生产委员会第一批及第二批总计为期3个月的安全生产巡查工作。

（七）林业科技

2016年，中央财政投入林业科技资金13.66亿元。其中，投入国家重点研发计划相关专项及公益性行业科研专项资金4.90亿元；推广木本粮油、林特资源等六大类先进实用技术443项，投入资金4.50亿元；安排生态定位站等基本建设投资1.08亿元等。

2016年，召开了全国林业科技创新大会，部署了"十三五"林业科技创新重点任务，成立了国家林业局科技创新领导小组，出台了《国家林业局关于加快实施创新驱动发展战略 支撑林业现代化建设的意见》，发布了《林业科技创新"十三五"规划》《林业标准化"十三五"发展规划》和《主要林木育种科技创新规划（2016－2025）》3项规划。

林业科学技术研究　一是向科技部申报了"林业资源培育及高效利用技术创新""典型脆弱生态修复与保护研究"等四个重点研发专项；"杨树工业资源材高效培育技术研究"等一批项目获得批复立项，将杨树、竹子、落叶松、牡丹这四个品种纳入"转基因生物新品种培育"重大科技专项。二是组织实施了京津冀生态率先突破、长江经济带生态保护等科技创新行动。三是完成了81项林业公益性行业科研专项和86项到期948项目的验收工作。四是从林业领域评选出国家"万人计划"青年拔尖人才5人、国家"万人计划"科技创新领军人才5人、重点领域创新团队1个。

林业科学技术推广　一是加快林业科技成果转化。发布了2016年重点推广科技成果100项。依托中央财政林业科技推广示范补贴资金，推广了木本粮油、林特资源、林木良种等六大类443项技术，安排资金4.5亿元。二是推进科技精准扶贫。国家林业局印发了《林业科技扶贫行动方案》，与贵州省、四川省签订了林业科技扶贫对接合作协议，组织开展了林业科技扶贫行动。向四川派出林业科技专家，帮助基层改造、提升示范区10个，建设科技扶贫示范点20个，培育林业科技扶贫示范村40个、示范户1 000户，打造可推广、能示范的技术样板40个。三是开展南疆林果业发展科技支撑专项行动。组织有关专家赴新疆开展南疆林果业发展调研，编写了《南疆林果业科技支撑行动方案》。四是推进"互联网+科技服务"。在全国范围内筛选了1 300项涉林技术成果并录入"国家林业科技推广成果库"，筛选了1 200多个科技推广项目并录入"国家林业科技推广项目库"；研建了全国"主要树种适地适树一张图信息系统"，开发了油茶等8个主要树种信息服务查询系统。

林业标准化建设和林产品质量安全　一是加快重要标准制（修）订。2016年共发布国家标准29项、行业标准215项，组织编制国家标准、行业标准198项。二是推进林业标准供给结构改革。完成了林业领域的强制性标准整合精简和推荐性标准清理复审工作，形成了林业领域强制性国家标准体系。三是推进林业标准国际化进程。承办了国际标准化组织竹藤标准化技术委员会（ISO/TC296）成立大会，启动了《竹地板》等3项国际标准编制，推进我国先期负责的6项国际标准研制。四是新建林业标准化示范区37个，完成14个第八批国家农业综合标准化示范区项目目标考核工作，开展了30家"国家林业标准化示范企业"建设工作。五是加强林产品质量监管。召开了林产品质量安全监测工作座谈会，印发了《国家林业局关于开展2016年林产品质量安全监测工作的通知》，重点监测林木制品、经济林产品、林化产品、花卉等四大类林产品，共监测了19个省2 600多批次林产品。

林业科技平台建设　　一是推进生态站网建设。修订了《国家林业局陆地生态系统定位研究网络中长期发展规划（2008－2020年）》，新建生态站13个，生态站总数达到179个。二是构建成果转化平台。批复建立樟子松、竹资源培育、竹缠绕材料等8个工程中心，工程中心总数达55个。三是加强林业质检机构建设。批准授权和新建林业质检机构6个，质检机构总数达35个。四是启动了林业长期科研试验基地建设。根据《国家林业长期科研试验示范基地管理办法（试行）》，综合考虑区域布局、专业领域等，评选出一批长期试验基地。五是组织实施了国家级重点实验室评估。按照科技部关于开展国家重点实验室2016年度评估工作通知要求，组织中国林业科学研究院、东北林业大学对林木遗传育种国家重点实验室进行评估验收。

林业植物新品种保护　　一是全年受理林业植物新品种权申请400件，授权植物新品种2批共195件。完成6批共389个新品种权申请的初步审查，组织对189个申请品种进行了特异性、一致性、稳定性的专家现场审查，转田间测试1批19个月季品种，对未按《中华人民共和国植物新品种保护条例》履行义务的195个品种权提前终止并予以公告。截至2016年底，共受理国内外植物新品种申请2 188件，授予林业植物新品种权1 198件。二是依据新《中华人民共和国种子法》，国家林业局与农业部、知识产权局、国务院法制办共同启动了《中华人民共和国植物新品种保护条例》（以下简称《条例》）修订工作，讨论《条例》修订草案。三是开发了林业植物新品种信息管理系统2.0版，发布了第六批林业植物新品种保护名录，举办了林业植物新品种保护培训班。四是开展了贯彻《林业植物新品种保护行政执法办法》活动，推动了林业植物新品种权行政执法试点工作。五是起草了《林业植物新品种测试机构能力评估办法》及其评估指标体系，启动林业植物新品种测试机构能力评估工作。六是组织开展了榧树属、凌霄属、黄连木属等37项测试指南的编制工作，完成了29个品种的测试工作，提交测试报告29份。截至2016年底，共开展了131项林业植物新品种测试指南的编制工作，完成了槐属、蔷薇属等38项测试指南标准的制定。七是编辑出版了《中国林业植物授权新品种（2015）》，编译出版了国际植物新品种保护联盟（UPOV）信息类文件和解释类文件。

林业转基因生物安全　　一是完成《开展林木转基因工程活动审批管理办法》的修订；二是组织专家对申请的转基因杨树环境释放和生产性试验进行评审，组织实施了"转Vgb基因、转$Roseal$和$Delila$基因地被菊中间试验安全性监测"项目；三是部署7个省（直辖市）开展林业外来物种调查，召开了林业外来物种调查研究中期评估会，对项目实施方案、实施过程中存在的问题等进行评估。

林业生物遗传资源保护 一是完成了《全国油茶遗传资源状况》调查，发现特异性状个体资源2 000多份，完成性状观测调查1 700多份，收集保存1 200多份，收录到油茶遗传资源信息库1 600多份；二是在24个省（自治区、直辖市）开展全国核桃遗传资源调查编目，对河南、辽宁、云南、安徽、四川等省（自治区、直辖市）的核桃遗传资源调查编目工作进行了督促检查；三是在贵州省黔东南苗族侗族自治州开展林业遗传资源及相关传统知识获取和惠益分享试点。

森林认证 一是修改完善了《森林认证项目管理办法》，继续对认证项目进行绩效考核；二是完善森林认证制度试点，对非木质林产品试点全面总结；三是启动森林防火和生产经营性珍稀濒危野生物种认证试点；四是发布了《中国森林认证 生产经营性珍稀濒危植物经营》等6项行业标准，启动了《中国森林认证 产销监管链》国家标准的修订工作；五是推进森林认证标准化技术委员会换届工作，编制了森林认证"十三五"标准体系表，在多省（自治区、直辖市）开展标准宣贯和项目培训，协助8家试点单位开展认证培训，累计培训人员超过700人次，指导4家认证机构建立内部管理体系；六是将森林认证纳入政府采购政策，组织10家造纸企业发布了森林认证倡议书，将森林认证纳入"绿色公民"活动；七是组织召开了森林认证国际研讨会和森林认证利益方论坛，举办了认证产品展览展示活动。

智力引进及派出 一是推进外国专家引进工作，引进专家49人；二是组织实施8项出国（境）培训团（组）项目，培训人员124人；三是加强引智基地示范作用，实施9项引智成果示范推广项目；四是参加引智成果展，组织了"支持林业引智，共创绿色未来"主题签名活动；五是举办"林业引进国外智力培训班"，编辑出版了《林业引智成果——出国（境）培训报告汇编》《林业引智成果——引进人才和示范推广项目成果汇编》，推动林业引智成果的产出与共享；六是推荐的外国专家伊万·阿布鲁丹获得中国政府"友谊奖"。

林业知识产权保护 一是组织实施《2016年加快建设知识产权强国林业实施计划》，落实了林业知识产权的15项重点任务和工作措施；二是组织实施林业专利产业化推进计划，对11项专利技术进行产业化示范引导；三是建立了联盟运行机制和木门窗专利信息共享平台；健全了15个林业知识产权基础数据库，新增入库记录达3万条，提供信息咨询和预警服务；四是管理维护《中国林业知识产权网》，组织推荐第十八届中国专利奖项目，南京林业大学申报的《一种松材线虫检测试剂盒及其检测方法》专利获得中国专利优秀奖；五是对第三批林业知识产权试点单位进行了考核验收，公布了19家试点合格单位名单。

（八）林业教育

毕业生 2016－2017学年，全国林业研究生教育毕业生人数比上一学年略有减少，林业本科教育和高等林业职业教育（专科）毕业生略有增加，中等林业职业教育毕业生继续大幅度减少（图23）。全国普通高等林业院校、科研单位毕业研究生和其他普通高等院校、科研单位林业学科（以下简称"林业研究生教育"）毕业研究生7 085人，比2015－2016学年（以下简称"上一学年"）减少2.68%。其中，全国林业学科博士、硕士毕业生4 525人（博士毕业生501人，硕士毕业生4 024人），比上一学年增加5.36%。全国普通高等林业院校本科毕业生和其他高等学校林科专业本科（以下简称"林业本科教育"）毕业生5.01万人，比上一学年增加5.69%。其中，林科专业本科毕业生2.9万人，比上一学年增加9.43%。全国高等林业（生态）职业技术学院毕业生和其他高等职业学院林科专业（以下简称"林业高职教育"）毕业生4.41万人，比上一学年增加6.26%。其中，林科专业毕业生1.76万人，比上一学年减少3.29%。全国普通中等林业（园林）职业学校毕业生和其他中等职业学校林科专业（以下简称"林业中职教育"）毕业生4.73万人，比上一学年减少22.20%。其中，林业类专业毕业生3.62万人，比上一学年减少28.03%。

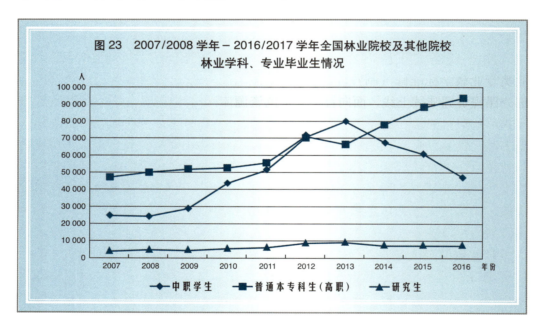

图23　2007/2008学年－2016/2017学年全国林业院校及其他院校林业学科、专业毕业生情况

招生　本学年林业本科、高职招生比上一学年略有减少，研究生招生小幅增长，中职招生呈逐年萎缩趋势（图24）。本学年林业研究生教育招生8 814人，比上一学年增加1.94%。其中，林业学科招收博士、硕士生5 809人（博士生896人，硕士生4 913人），比上一学年增加13.37%。林业本科教育招生5.12万人，比上一学年减少2.66%。其中，林科专业本科招生2.83万人，比上一学年减少6.90%。林业高职教育招生4.26万人，比上一学年减少6.78%。其中，林科专业招生1.5万人，比上一学年减少16.20%。林业中职教育招生3.96

万人，比上一学年减少15.92%。其中，林科专业招生3.22万人，比上一学年减少17.64%。

图24　2007/2008学年－2016/2017学年全国林业院校及其他院校林业学科、专业招生情况

教育、教学改革及成果　一是国家林业局启动了高等职业学校第一批7个林业类专业教学标准修（制）订工作。强化林业技术专业资源库网络平台建设，部分课程资源陆续上线，面向社会开放的资源库网络开始试运行。二是1所普通高等林业院校被教育部确定为自主招生高校，1所中等林业职业学校被教育部认定为国家级重点中等职业学校，3所林业系统普通中小学被教育部认定为国防教育特色学校，1名林业高校教师被教育部确定为长江学者青年学者，22门林科类专业课程入选第一批国家级精品资源共享课名单。三是国家林业局会同教育部等部门确定北京市房山区等59个单位为第一批国家级农村职业教育和成人教育示范县创建合格单位。

行业培训与人才开发　2016年，干部教育培训改革继续推进。一是干部教育培训规范化建设得到加强。国家林业局组织编制了《全国林业教育培训"十三五"规划》，修订了《国家林业局干部教育培训工作实施细则》，加强了计划管理和培训实施质量监控。二是干部教育培训信息化建设稳步推进。开发了国家林业局干部培训项目管理系统，制作完成全国党员干部现代远程教育林业专题教材100个课件、3 000分钟。三是重点人员培训进一步强化。国家林业局举办了各类林业干部培训项目302个，培训分管林业工作的副县（市、区）长、地市林业局局长、地方林业部门高中级专业技术人才和国家林业局司处级干部、机关公务员等约3.1万人次。

2016年，林业行业职业资格许可和认定得到进一步清理和规范，职业技能鉴定规模有所调整。全年78个涉林职业（工种）2.94万人通过林业行业职业技能鉴定，获取人力资源社会保障部颁发的《职业资格证书》，鉴定规模比2015年下降11.44%。其中，获得高级及其以上（技师、高级技师）职业资格证书的1.7万人，比2015年下降3.95%。

（九）林业信息化

2016年，林业信息化首抓顶层设计，全面启动"互联网+"林业建设，推动信息化与林业深度融合，形成了智慧化发展长效机制和高效高质发展新模式，取得多项成果，为"十三五"林业信息化建设打下坚实基础。

"互联网+"行动 发布《"互联网+"林业行动计划——"十三五"林业信息化发展规划》，国家林业局与农业部、网络安全和信息化领导小组办公室、科技部、商务部共同发布了《"互联网+"现代农业三年行动实施方案》，"十三五"林业信息化发展蓝图全面确定；"互联网+"、生态大数据等国家信息化重大项目进展顺利，中国林业数据开放平台入选中国"互联网+"行动百佳实践。

网站建设 中国林业网新建各类子站1 000多个，形成中国林业网主站、4 000多个子站、"三微一端"于一体的全媒体格局，编发信息30多万条，转发信息80多万条，拥有微博、微信、微视、移动客户端用户90万人，热点信息点击量超过1万人次，网站访问量突破20亿人次，荣获部委网站总分第二名、中国最具影响力政务网站等荣誉，中国林业网官方微信获得2016年政府网站政务微信卓越奖。举办了"第三届美丽中国作品大赛"。建设中国林业网智慧决策系统，提升了辅助决策能力。开展大数据分析，提高了林业事前、事中、事后监管能力，编发了《林业大数据》专报和《林业信息化》《今日网情》简报。

重点项目 "金林工程"项目（生态环境保护信息化工程）得到批复，国家林业局电子政务内网和高清视频项目获得批复。国有林场林区智慧监管平台建设进入建设阶段，北斗卫星导航系统在林业中的示范应用项目完成《初步设计》并通过评审。完成林业财政专项资金信息管理系统项目开发、部署和安全测试，组织实施了林木种苗工程项目管理系统建设，完成了全国竹藤资源培育与产业发展管理平台的开发建设，中国林业网络博览会花卉馆、中国林业数据库二期等项目验收并上线运行。

大数据建设 全面建设林业大数据，奠定林业智慧发展基础。完成并出版《中国林业大数据发展战略研究》，印发《中国林业大数据发展指导意见》，力争在2020年前实现林业数据资源整合共享，提高林业精准决策能力，推进生态建设智慧共治，推动林业产业转型升级。国家林业局与国家发展和改革委员会签署《关于联合开展生态大数据应用与研究工作的战略合作协议》，全面启动"一带一路"、京津冀协同、长江经济带林业数据共享平台建设。发布

《长江经济带林业数据资源协同共享工作机制》《京津冀一体化林业数据资源协同共享工作机制》《京津冀生态信息资源共享管理暂行办法》。推进国有林场林区智慧监管平台建设，完成方案设计、专家论证、项目招投标工作。

智慧办公　建设完成网上行政审批平台，整合国家林业局25项行政审批事项，实现全部网上受理，审批过程公开透明，办理过程电子监察，全程留痕，实现了审批业务一体化管理。综合办公系统共进行了60多万次操作，提供了5 000多次技术支持，编发各类信息50多万条，全国林业办公自动化（OA）群京内单位办公全面联通。完成以树树"一扫通"、人人"一卡通"、处处"一网通"为核心的智慧机关建设。

智慧林业　国家林业局与吉林省人民政府签署了《推进国有林管理现代化局省共建示范项目战略合作协议》，"吉林林业一号"卫星成功发射，开发拓展信息技术在林业领域的应用，填补了我国林业卫星的空白。

（十）林业工作站

2016年，全国完成林业工作站基本建设投资4.60亿元，比2015年减少2.74%。其中，中央投资1亿元，比2015年减少29.07%；地方配套3.6亿元，比2015年增加8.76%。全国新建乡（镇）林业工作站197个。通过开展标准化林业工作站建设等措施，全国共有444个林业工作站新建了办公用房，644个站配备了通讯设备，409个站配备了机动交通工具，1 103个站配备了计算机。

截至2016年底，全国有地级林业工作站211个，管理人员2 162人（图25），有县级林业工作站2 024个，管理人员22 505人。与2015年相比，地级林业工作站减少5个，管理人员减少243人；县级林业工作站增加了241个，管理人员增加了448人。全国乡（镇）林业工作站23 638个，比2015年减少3.58%。管理体制为县级林业主管部门派出机构的站有8 421个，县、乡双重管理的站有3 839个，乡（镇）管理的站11 378个，分别占总站数的35.63%、16.24%、48.14%。全国乡（镇）林业工作站核定编制83 970人，比2015年减少4.90%；年末在岗职工101 366人，比2015年减少4.10%，其中，长期职工9.98万人，比2015年减少4.03%。在岗职工中，经费渠道为财政全额的有8.42万人，财政差额的5 045人，林业经费的6 802人，自收自支的5 322人，分别占在岗职工总数的83.06%、4.98%、6.71%、5.25%。林业工作站长期职工中，35岁以下的2.11万人，36岁至50岁的6.13万人，51岁以上的1.74万人，分别占长期职工总数的占21.14%、61.42%、17.44%。

2016年，全国林业工作站工作稳步推进。一是按照《全国省级林业工作站年度重点工作质量效果跟踪调查办法》，跟踪和量化各省级站年度重点工作，下发通报，提出整改意见。二是出台了《全国林业工作站"十三五"发展建设规划》，对"十三五"林业工作站发展建设做出了整体规划。三是加大培训力

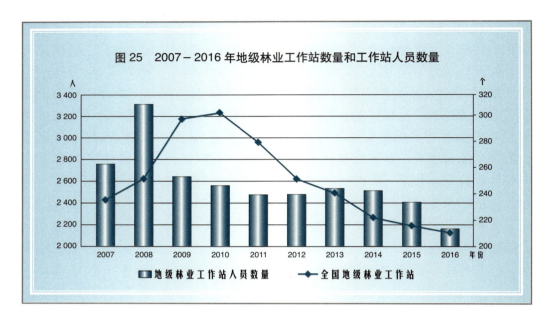

度,强化"在线学习平台"建设,注册人数8.7万余人,学习课程总时长90余万学时。三是推进标准化林业工作站建设,按照《标准化林业工作站建设检查验收办法》规定,对2009-2014年完成建设任务的904个林业工作站进行了核查,确认2016年度全国共有860个林业工作站达到合格标准。四是指导组织完成林业重点工程造林面积179万公顷,指导组织完成封山育林面积148万公顷,四旁植树14.1亿株,育苗面积37万公顷,抚育作业面积471万公顷。五是6 806个林业工作站加挂了野生动植物保护管理站的牌子,4 185个林业工作站加挂了科技推广站牌子,5 350个林业工作站加挂了公益林管护站牌子,3 638个林业工作站加挂了病虫害防治站牌子,357个林业工作站加挂了林业仲裁委员会牌子,10 397个林业工作站受委托行使林业行政执法权,全年受理林政案件近4万件。

- 共指导组织完成造林面积387万公顷。
- 全国共有10 397个林业工作站受上级林业主管部门的委托行使林业行政执法权。
- 全国林业工作站管理指导乡村护林员近68万人,其中,专职护林员31万人,兼职37万人。
- 全国林业工作站加强了对全国近1.8万个集体林场、6166个联办林场和1.6万个户办林场的业务指导和管理。
- 指导、扶持林业经济合作组织9.8万个,带动农户282万户。
- 全国林业工作站共建立站办示范基地35.2万公顷,推广面积96.4万公顷,培训林农近841.3万人。

(十一)国有林场

2016年,国有林场工作取得进展。一是中央财政投入扶贫资金5亿元,出台了《国有贫困林场扶贫工作绩效考评办法（试行）》；落实2016年国有林场危旧房改造任务6 505户，中央补助资金6 505万元。二是支持湖南省攸县黄丰桥国有林场和甘肃省小陇山林业实验局百花林场开展不同森林经营模式示范探索，编写了《杉木大径材培育技术指南》《国家储备林林下改培示范模式探讨》和《栎类阔叶林培育示范林建设阶段性总结》；进一步推动国有林场森林经营方案编制修订工作，指导各省（自治区、直辖市）开展国有林场森林经营方案编制修订工作，推动改革先行地区建立以森林经营方案为核心的森林经营管理制度。三是举办了3期国有林场场长培训班、2期国有林场改革局长班，累计培训基层干部560余人次。四是举办了2016年中国技能大赛——全国国有林场职业技能竞赛。大赛由国家林业局、中国就业培训技术指导中心和中国农林水利工会主办，甘肃省林业厅承办，甘肃小陇山林业实验局协办，以"展示技能风采，激发改革动力"为主题。27省（自治区、直辖市）及四大森林集团、中国林业科学研究院的32个代表队参加了比赛。五是举办了"五台山杯"国有林场思想政治工作演讲大赛。大赛由国家林业局和中国农林水利气象工会联合主办，23省（自治区、直辖市）及中国林业科学研究院的24个代表队47名选手参加了比赛。

（十二）森林公园

2016年，森林公园建设和管理进一步加强。一是全国新建各级森林公园158处，森林公园（含国家级森林旅游区）总数达3 392处，森林公园资源保护总面积1 886.68万公顷，其中，国家级森林公园828处，资源保护面积1 320.09万公顷。二是强化森林公园管理。国家林业局公告第12号发布施行《国家级森林公园设立、撤销、改变经营范围或者变更隶属关系审批事项服务指南》，国家级森林公园行政审批工作进一步规范化和标准化；下发《国家林业局关于省级以下森林公园审批有关事项的通知》，要求各地认真做好省级以下森林公园的审批；召集2012年设立的18处国家级森林公园，了解森林风景资源保护利用情况；向安徽、福建、江西、湖南、广东、陕西的53处国家级森林公园下发限期编报总体规划的通知，有效实施监督管理。三是全国森林公园共投入建设资金537.95亿元，其中，用于环境建设方面的投资达57.04亿元，营造景观林8.95万公顷，改造林相15.52万公顷。截至2016年底，森林公园共拥有游步道9.07万千米，旅游车船3.4万台（艘），接待床位102.94万张，餐位197.1万个，从事管理与服务的职工达18.02万人，其中，导游人员1.66万人。四是森林公园社会效益更加突出。2016年，全国共有1 083处森林公园免收门票，享受免费服务的游客达2.18亿人次。全国森林公园共接待游客9.17亿人次，旅游收入781.60亿元。

(十三)林业职工队伍

2016年,全国林业系统有各类经济单位42 314个,按单位性质分,企业单位2 299个、事业单位34 880万个、机关单位5 135个,分别占各类经济单位总数的 5.43%、82.43%和12.14%;按行业分,农林牧渔业19 031万个、制造业424个、服务业22 489个、其他行业370个,分别占各类经济单位总数的44.98%、1.00%、53.15%和0.87%。2016年,林业系统年末职工总人数147.12万人,其中,单位从业人数118.09万人,离开本单位仍保留劳动关系人员29.03万人,分别占年末职工总人数的80.26%和19.74%。在单位从业人数中,在岗职工110.39万人(图26),其他从业人员7.70万人。农林牧渔业单位从业人员81.50万人、制造业单位从业人员3.35万人、服务业单位从业人员31.46万人、其他行业单位从业人员1.78万人,占单位从业人员总数的69.01%、2.84%、26.64%和1.51%。

2016年,林业系统在岗职工年平均工资4.67万元(图26),离退休人员年平均生活费3.09万元,分别比2015年增加12.25%和6.18%。在岗职工年平均工资,农林牧渔业3.96万元,制造业3.48万元,服务业6.51万元,其他行业5.84万元,分别比2015年增加9.70%、9.43%、14.21%和15.64%。在所有行业在岗职工平均工资中,林业工程技术与规划管理行业最高,达到8.71万元。

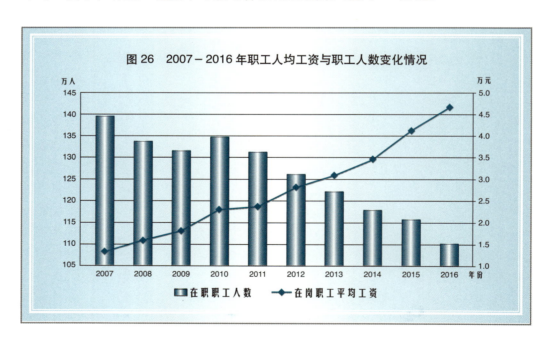

图26 2007-2016年职工人均工资与职工人数变化情况

专栏17　福建省出台《关于进一步加强乡镇林业工作站建设的意见》

2016年，福建省紧密围绕"稳机构、打基础、强管理、提素质、抓服务"的林业工作站建设目标，认真贯彻落实全国林业工作站工作会议、《林业工作站管理办法》和《国家林业局关于进一步加强乡镇林业工作站建设的意见》精神，出台了《关于进一步加强乡镇林业工作站建设的意见》（闽政办〔2016〕150号）（以下简称《意见》）。

《意见》明确了林业工作站建设目标。到2020年，建设标准化林业工作站625个，林业工作站办公环境和工作条件得到明显改善；林业工作站人才队伍管理和人才培养机制较为完备，林业工作站人员结构基本合理，队伍素质和基层公共管理服务能力显著增强；全省林业工作站数量保持基本稳定，并作为县级人民政府林业主管部门的派出机构，人员经费全额纳入县级财政预算，基本实现林业工作站体制稳定、基础完善、队伍精干、管理规范、服务高效、保障有力。

《意见》提出了稳定机构人员，保障工资待遇；创新工作机制，提高服务质量；加强基础建设，改善工作条件；拓展进人渠道，加强人才培养等四项重点任务。

《意见》要求各市、县（区）政府将加强林业工作站建设纳入生态文明体制改革和全面深化林业改革总体方案统筹考虑。实施情况纳入森林资源目标管理责任制和地方政府工作考核指标体系；将林业工作站建设相关经费纳入财政预算，加大经费投入力度，支持林业工作站建设。建立林业工作站建设情况督查和通报机制，确保各项政策措施落实到位。

H
P105-122

区域林业

- 国家战略下的区域林业发展
- 传统区划下的林业发展
- 东北、内蒙古重点国有林区林业发展

区域林业

我国幅员辽阔，各区域的自然历史条件差异较大，资源禀赋和经济、社会发展不均衡，致使我国的林业发展呈现出明显的区域性特征，各区域的林业发展各具特色和优势。2016年，"一带一路""长江经济带"和"京津冀区域"林业发展力度持续增强，传统的东、中、西和东北各区域间和区域内的林业发展更趋均衡，东北国有林区改革进入全面实施阶段。

（一）国家战略下的区域林业发展

1. "一带一路"区域林业发展

"一带一路"区域　涉及18个省（自治区、直辖市），包括新疆、陕西、甘肃、宁夏、青海、内蒙古等西北的6省（自治区），黑龙江、吉林、辽宁等东北3省，广西、云南、西藏等西南3省（自治区），上海、福建、广东、浙江、海

森林资源状况

- 林地面积为2.16亿公顷，占全国的69.18%。
- 森林面积为1.58亿公顷，占全国的76.30%。
- 森林蓄积量110.44亿立方米，占全国的72.96%。
- 湿地面积为4 042.08万公顷，占全国的75.41%。

造林及森林灾害发生状况

- 2016年造林面积为374.85万公顷，占全国的52.04%，比2015年减少12.57%。
- 森林火灾共发生1 095次，占全国的53.83%，受害森林面积为0.49万公顷，占全国的78.73%。
- 林业有害生物发生较为严重，发生面积为752.69万公顷，占全国的62.14%；发生率为4.18%，防治率为64.16%。

林业产业和林产品生产状况

- 林业产业总产值为3.23万亿元，占全国的49.77%，比2015年增长6.95%。
- 林下经济总产值为3 792.58亿元，占全国的62.99%。
- 商品材产量为5 343.58万立方米，占全国的68.72%。

> **林业投资和林业从业人员状况**
>
> ● 林业投资完成额2 493.85亿元，占全国的55.30%，比2015年增加9.63%；单位林地面积投资额为1 153.19元/公顷。
> ● 林业系统从业人员数78.62万人，在岗职工73.92万人，分别占全国林业系统的66.58%和66.96%。

南等5省（直辖市），内陆地区则是重庆市。行政区划面积为748.18万平方千米，占全国的77.26%；共有常住人口6.03亿人，占全国的43.62%；地区生产总值为35.05万亿元，占全国的45.41%；人均地区生产总值为5.81万元。

"一带一路"战略林业合作成果　2016年，坚持共商、共建、共享绿色丝绸之路，聚焦重点地区、重点国家、重点项目，着力推进"一带一路"建设林业合作。国家林业局组织编制了《丝绸之路经济带和21世纪海上丝绸之路建设林业合作规划》和《丝绸之路经济带防沙治沙工程建设规划（2016－2030年）》；2016年5月，在斯洛文尼亚首都卢布尔雅那召开了中国—中东欧国家林业合作协调机制第一次高级别会议，会议讨论通过了《中国—中东欧国家林业合作协调机制行动计划》。同期召开了16+1林业产业工商与投资研讨会，建立了双方企业务实合作对接机制，推动合作项目落地；5月，在亚太森林恢复与可持续管理组织（APFNet）的支持下，首届大中亚地区林业部长级会议在哈萨克斯坦首都阿斯塔纳举办，会议通过了《阿斯塔纳宣言》，决定建立大中亚林业部长级会晤机制，加强在森林保护和恢复、应对气候变化、荒漠化防治、减缓土地退化等领域的区域合作；6月，世界防治荒漠化日纪念活动暨"一带一路"共同行动高级别对话在北京举行，并发布了《"一带一路"防治荒漠化共同行动倡议》；9月，中国—东盟林业合作论坛在广西南宁举办，论坛通过了《中国—东盟林业合作南宁倡议》，该倡议重点明确了我国与东盟各国将在林业领域加强交流与合作。

2. 长江经济带区域林业发展

长江经济带区域　长江经济带覆盖上海、江苏、浙江、安徽、江西、湖北、湖南、重庆、四川、云南、贵州11个省（直辖市）。长江经济带是中国最宽广、最有发展潜力的经济带，是中国经济社会可持续发展的重要命脉。长江经济带森林生态系统是沿江绿色生态廊道的重要组成部分，在涵养水源、保持水土、生物多样性保护等方面发挥着不可替代的作用。行政区划面积为205.30万平方千米，占全国的21.20%；共有常住人口5.91亿人，占全国的42.77%；地区生产总值为33.29万亿元，占全国的43.13%；人均地区生产总值为5.63万元。

长江经济带"共抓大保护"林业重点工作成效　2016年是长江经济带发展

森林资源状况

- 林地面积为1.06亿公顷，占全国的33.78%。
- 森林面积为0.85亿公顷，占全国的40.76%。
- 森林蓄积量53.10亿立方米，占全国的35.08%。
- 森林覆盖率为41.24%，远高于全国平均水平。
- 湿地总面积为1 154.23万公顷，占全国的21.53%。

造林及森林灾害发生状况

- 2016年造林面积为302.68万公顷，占全国的42.02%，比2015年减少4.22%。
- 森林火灾偏重发生，共发生森林火灾848次，占全国的41.69%，受害森林面积为0.16万公顷，占全国的25.71%。
- 林业有害生物发生面积为352.80万公顷，占全国的29.12%；发生率为3.64%，防治率为72.35%。

林业产业和林产品生产状况

- 林业产业较为发达，林业产业总产值为2.89万亿元，占全国的44.53%，比2015年增长14.23%；人均林业产业总产值为4 890.02元/人，单位森林面积林业产业产值为3.41万元/公顷；三次产业结构比为32∶45∶23。
- 竹产业总产值为1 510.73亿元，占全国71.62%。
- 油茶产业产值665.65亿元，占全国88.03%。
- 林业旅游与休闲产业收入4 948.81亿元，全国的59.55%，直接带动的其他产业产值7 701.10亿。
- 花卉产业较为发达，种植面积76.02万公顷，花卉市场2 179个，分别占全国的57.24%和53.25%。

林业投资和林业从业人员状况

- 林业投资完成额1 356.68亿元，占全国的30.08%，比2015年增加13.86%。
- 林业系统从业人员数28.36万人，占全国林业系统的24.01%，比2015年减少4.51%；在岗职工25.05万人，占全国林业系统的22.69%。

全面推进之年。加快长江经济带"共抓大保护"生态修复工作，全面落实《长江经济带森林和湿地生态系统保护与修复规划（2016－2020年）》和《长江沿江重点湿地保护修复工程规划（2016－2020年）》。2016年2月，国家林业局与国家发展和改革委员会联合出台了《关于加强长江经济带造林绿化的指导意见》，安排中央林业资金360多亿元，进一步加快造林绿化速度，强化湿地保护修复，保护长江两岸天然林和野生动植物资源，较好地完成了中央确定的各项工作任务。一是加大资金支持力度。2016年，安排中央财政森林生态效益补偿资金64.6亿元，贫困林场扶贫资金2亿元。二是全面保护天然林资源。2016年，安排长江经济带及源头青海省的天然林资源保护工程资金23.1亿元。明确了全面保护天然林、停止天然林商业性采伐的基本政策措施和扩大天然林保护范围的基本政策。三是积极推进新一轮退耕还林。2016年，针对湖北等6省（直辖市），国家下达退耕还林任务817万亩。四是加强长江流域防护林体系建设。2016年，国家下达长江经济带各省（直辖市）森林抚育任务3 924万亩，并进一步加强林业有害生物防控工作。五是积极推进长江经济带湿地保护工作。2016年，安排中央财政湿地保护补贴资金5.88亿。加强长江流域生态保护力度，严格控制和治理长江水污染，强化沿江生态保护和修复工作。六是积极推进长江经济带国家储备林建设，长江经济带石漠化综合治理工程稳步推进。

3. 京津冀区域林业发展

京津冀区域 京津冀地区主要包括北京市、天津市以及河北省。行政区划国土面积为21.83万平方千米，占全国的2.25%；共有常住人口1.12亿人，占全

森林资源状况

- 林地面积为835.05万公顷，占全国的2.67%。
- 森林面积为509.30万公顷，占全国的2.45%。
- 森林覆盖率为23.33%，略高于全国平均水平。
- 湿地面积为128.56万公顷，占全国的2.40%。

造林和森林灾害发生状况

- 2016年造林总面积为61.17万公顷，占全国的8.49%，比2015年大幅增长54.90%。
- 森林防火工作成效明显，该区森林火灾发生仅为47次，占全国的2.31%，受害森林面积191公顷，仅占全国的3.07%。

> **林业产业和林产品状况**
>
> - 林业产业总产值为1 700.77万元，占全国的2.62%，比2015年增长3.63%；人均林业产业总产值为1 518.54元/人，单位森林面积林业产业产值为3.34万元/公顷；三次产业结构比为51∶40∶9。
> - 经济林产品总量1 573.68万吨，占全国的8.74%。

> **林业投资、从业人员和工资状况**
>
> - 林业投资完成额300.95亿元，占全国的6.67%，比2015年增长11.47%；单位林地面积投资额较高，为3 603.92元/公顷。
> - 林业系统从业人员数3.29万人，在岗职工3.13万人，分别占全国林业系统的2.79%和2.84%，在岗率为95.14%。
> - 在岗职工年平均工资较高，为6.79万元。

国的8.10%；地区生产总值为7.46万亿元，占全国的9.67%；人均地区生产总值为6.66万元。

京津冀协同发展林业生态率先突破工作成效 2016年，国家林业局会同京津冀三省（直辖市）共同签订了《共同推进京津冀协同发展林业生态率先突破框架协议》，印发了《京津冀生态协同圈森林和自然生态保护与修复规划》，召开专家评审《京津冀协同发展林业生态建设规划（2016－2020年）》。

京津冀协同发展林业生态率先突破工作取得成效。一是全面保护天然林资源。中央财政共安排京津冀地区停伐补助资金33 259万元、天然林资源保护工程资金13 000万元。二是积极保护和恢复湿地。在河北省实施了3项国家湿地保护工程项目，共安排中央预算内投资1 276万元；在京津冀地区实施中央财政湿地补贴项目18个，共落实资金7 800万元。三是加强自然保护区建设。进一步加强对京津冀地区野生动植物保护和自然保护区建设的财政支持力度，2016年共拨付林业国家级自然保护区补助资金1 000万元。四是加大重点生态修复工程建设力度。依托京津风沙源治理、三北防护林、太行山绿化、沿海防护林、平原造林等重点生态工程，加大京津冀地区造林绿化和督查力度，确保工程进度和质量；安排中央财政森林生态效益补偿资金4.1亿元。五是积极推进京津冀地区的国家储备林建设。组织编制《国家储备林建设规划》，已将北京、天津及河北纳入建设范围。六是加大科技支撑力度。支持京津冀地区有关研究机构开展了一系列科学研究，取得一系列关键技术突破。2016年新建北戴河滨海湿地生态系统定位观测研究站、河北衡水湖湿地生态系统定位观测研究站，京津冀地区生态站总数达到9个。

> **专栏18　共同推进京津冀协同发展林业生态率先突破框架协议**
>
> 在2016年6月23日举行的京津冀协同发展生态率先突破推进会上，国家林业局与京津冀共同签署了《共同推进京津冀协同发展林业生态率先突破框架协议》（以下简称《协议》），并成立京津冀协同发展生态率先突破工作领导小组，加强顶层设计和协同合作，共同推进京津冀生态率先突破。
>
> 《协议》提出，通过实施协同合作，促进京津冀地区生态建设与保护取得显著成效，土地沙化和水土流失得到全面治理，湿地功能得到有效保护和恢复，城乡绿化宜居水平明显提升，生态状况整体步入良性循环，建成全国生态修复环境改善示范区，实现全区域生态建设的率先突破，为京津冀协同发展提供体系完备、功能稳定的生态保障。
>
> 到2020年，京津冀区域森林覆盖率达到并稳定在35%以上，森林面积达到11 415万亩，森林蓄积量达到2亿立方米，湿地面积达到1 890万亩，林业年产值达到2 188亿元。其中，北京市森林覆盖率达到44%，森林面积达到1 155万亩，森林蓄积量达到1 770万立方米，湿地面积达到81.6万亩，林业年产值达到160亿元。天津市林木绿化率达到28%，有林地面积达到412.5万亩，森林蓄积量达到1 360万立方米，湿地面积达到410万亩，林业年产值达到28亿元。河北省森林覆盖率达到35%，森林面积达到9 850.5万亩，森林蓄积量达到1.71亿立方米，湿地面积达到1 413万亩，林业年产值达到2 000亿元。
>
> 《协议》明确了协同推进的主要领域包括：加快国土绿化步伐、提升森林资源质量、推动金融科技创新、扩展自然保护空间、生态产业精准扶贫、区域联防联控体系6个方面。国家林业局与京津冀三省（直辖市）近期将重点在加快冬奥会赛区绿化、强化生态防护林建设、实施国家储备林基地建设、推进京津保生态过渡带绿化、建立环首都国家公园体系、实施重点湿地保护与修复工程方面加强合作。

2016年国家战略下区域及林业概况见表6；2016年国家战略下区域林业发展主要指标比较情况见表7。

表6 2016年国家战略下区域及林业概况

指标	"一带一路"区域 数值	"一带一路"区域 占全国比重（%）	长江经济带区域 数值	长江经济带区域 占全国比重（%）	京津冀区域 数值	京津冀区域 占全国比重（%）
省（自治区、直辖市）数量（个）	18	58.06	11	35.48	3	9.68
行政区划面积（万平方千米）	748.18	77.26	205.30	21.20	21.83	2.25
人口（亿人）	6.03	43.62	5.91	42.77	1.12	8.10
地区生产总值（万亿元）	35.05	45.41	33.29	43.13	7.46	9.67
林地面积（亿公顷）	2.16	69.18	1.06	33.78	0.08	2.67
森林面积（亿公顷）	1.58	76.30	0.85	40.76%	0.05	2.45
湿地面积（万公顷）	4 042.08	75.41	1 154.23	21.53	128.56	2.40
造林面积（万公顷）	374.85	52.04	302.68	42.02	61.17	8.49
森林火灾受害森林面积（万公顷）	0.49	78.73	0.16	25.71	0.02	3.07
林业产业总产值（万亿元）	3.23	49.77	2.89	44.53	0.17	2.62
林业有害生物发生面积（万公顷）	752.69	62.14	352.80	29.12	55.72	4.60
林业系统从业人员（万人）	78.62	66.58	28.36	24.01	3.29	2.79
林业投资额（亿元）	2 493.85	55.30	1 356.68	30.08	300.95	6.67

表7 2016年国家战略下的区域林业发展主要指标比较

指标	"一带一路"区域	长江经济带区域	京津冀区域
森林覆盖率（%）	21.18	41.24	23.33
人均造林面积（公顷/万人）	62.16	51.21	54.62
人均林地面积（公顷/人）	0.36	0.18	0.07
人均林业产业总产值（元/人）	5 356.55	4 890.02	1 518.54
单位在岗职工创造林业产值（万元/人）	437.22	1 152.86	542.87
单位森林面积林业产业产值（万元/公顷）	2.04	3.41	3.34
林业系统在岗职工年平均工资（万元/年）	4.49	5.38	6.79
单位林地面积投资额（元/公顷）	1 153.19	1 284.80	3 603.92
林业区位熵（林业专业化程度）	1.10	1.03	0.27

注：林业区位熵=（区域林业产业产值/全国林业产业总产值）/（区域GDP/全国GDP）。

（二）传统区划下的林业发展

1. 东部地区林业发展

该区经济实力雄厚，人口众多，林业发展的自然、经济基础较好，生态状况良好，林业产业较为发达，林业发展态势较好，集体林业占据主要地位，是我国重要的林产品生产基地，是我国重要的林业经济发展优势区域。

区域生态总体状况良好，生态建设工作取得成效，成果巩固不容松懈

- 2016年，区内共完成造林面积139.72万公顷，占全国造林总面积的19.40%。河北省系京津冀雾霾治理的关键省份，其造林面积58.34万公顷，其中，重点生态工程造林面积12.65万公顷，名列该区第一位。
- 区内共有林业系统森林公园1 607处，森林公园总面积320.66万公顷，分别占全国的47.38%和17.00%。广东省的自然保护区数量290个，森林公园总数672个，皆名列全国首位。
- 区内共发生森林火灾308次，比2015年减少了376次，占全国的15.14%；森林火灾发生率低于全国水平。林业有害生物发生面积180.98万公顷，占全国的14.94%；林业有害生物发生率4.49%；林业有害生物防治率86.46%。

林业产业持续高速高展，产业结构持续升级，产出效益显著

- 2016年，区内林业产业总产值30 133.10亿元，比2015年增长7.15%，占全国林业产业总产值的46.43%。单位森林面积实现林业产业产值92 747.19元/公顷，是全国平均水平的2.87倍。
- 林业三次产业结构比由2015年的25∶63∶12调整为24∶63∶13；林业第三产业实力进一步增强，林业产业结构持续升级。
- 区内林业旅游与休闲产业收入增长迅猛，共接待旅游人数11.80亿人次，比2015年增加10.07%，占全国的45.23%。

2016年东部地区林产品产量

- **商品材**：产量2 218.03万立方米，占全国的28.52%。
- **竹材**：产量113 935万根，占全国的45.46%。
- **锯材**：产量2 607.70万立方米，比2015年增长了6.06%，占全国的33.80%。
- **人造板**：产量17 785.93立方米，比2015年增长了5.87%，占全国59.20%。
- **木竹地板**：产量52 225.17万平方米，比2015年增长了2.02%，占全国的63.32%。
- **经济林**：产出较高，林下经济产值2 217亿元，占全国的36.83%。
- **花卉**：花卉种植面积77.79万公顷，比2015增加6.05%，花卉市场1 415个，花卉企业36 379个，花农68.11万户，花卉从业人员269.61万人，分别占全国的65.78%、34.58%、65.84%、46.59%和48.58%。

东部地区部分省份优势产业

浙江
- 林下经济产值达 1 322.28 亿元，居全国首位；
- 木竹地板产量 1.12 亿平方米，主要以实木及实木复合地板为主；
- 花卉企业 11 165 个，名列全国首位。

福建
- 作为"21 世纪海上丝绸之路核心区"，林业产业总产值和林下经济产值均列全国第四，竹产业产值达 548.61 亿元，居全国第一。

广东
- 林业旅游收入高达 1 625.92 亿元，名列全国首位。

山东
- 锯材和人造板产量分别为 1 339.55 万立方米和 7 480.29 万立方米，名列全国首位；
- 各类经济林产品产量 2 049.22 万吨，名列全国首位；
- 花卉市场 404 个、花农 19.88 万户，分别名列全国首位。

江苏
- 木竹地板产量达到 3.18 亿平方米，主要以强化木地板为主；
- 花卉种植面积 29.90 万公顷，名列全国首位。

单位林地面积投资额和职工收入水平较高

- 2016 年，区内完成林业投资 1 167.02 亿元，占全国总投资额的 25.88%，比 2015 年增加了 0.86%，其中，国家投资占 49.84%；区内每单位林地面积投资额 2 758.10 元/公顷，系全国平均水平的 1.91 倍。
- 区内林业系统在岗职工人数 12.88 万人，占全国的 11.67%；该区的林业在岗职工年平均工资居各区域首位，为 65 793 元，是全国林业职工平均水平的 1.41 倍，比 2015 年提高 14.24%。

2. 中部地区林业发展

中部地区包括山西、河南、湖北、湖南、江西、安徽6省。该区域是我国主要的集体林区省份，林业产业较为发达，作为东部与西部的过渡地带，此区域的林业表现出较强的发展潜力。

林业主要灾害偏重发生，生态建设成果巩固任务较为繁重

- 区内共完成造林面积 158.22 万公顷，占全国造林总面积的 21.96%。湖南省在该区的造林规模最大，为 50.32 万公顷。
- 2016 年，区内共发生森林火灾 564 次，比 2015 年增加了 326 次，占全国的 27.73%；森林火灾发生率 0.70 次/万公顷，远远高于全国平均火灾发生率水平。

- 区内林业有害生物发生面积242.15万公顷，占全国的19.99%；林业有害生物发生率5.87%，处于全国较高水平；林业有害生物防治率74.25%。

林业产出水平持续增强，产业发展特色较为突出，产业结构不断优化，林业经济实力不断增强

- 2016年，区内林业产业总产值15 739.96亿元，比2015年增长16.12%，占全国林业产业总产值的24.25%。湖南的林业产业总产值为该区最高，为3 736亿元。湖南和江西的油茶产业产值分别达258.86亿元和232.13亿元，列全国前二位。
- 区内林业旅游与休闲产业有所发展，共接待旅游人数6.15亿人次，比2015年增长29.47%；实现旅游收入2 649.56亿元，比2015年增长31.73%。
- 林业三次产业结构比由2015年的36：42：22调整为35：41：24；林业第三产业比重持续上升，产业结构持续优化。

木本油料和木本药材种植成为中部地区的特色和优势

- 中部地区区内油茶林面积262.94万公顷，占全国的65.59%。区内生产各类经济林产品总量3939.47万吨，其中，水果和干果产量分别为3188.47万吨和272.47万吨，分别占全国总产量的21.89%、20.98%和24.96%。木本油料和木本药材产品占全国总产量的33.14%和29.06%。
- 区内花卉产业发展仅次于东部地区，区内安徽省的花卉市场354个，仅次于山东省，为全国第二位。

林业投资渠道多元化，单位投资水平仍待提高，职工收入增幅较为明显

- 2016年，区内完成林业投资896.01亿元，占全国总投资额的19.87%，比2015年增长17.82%，其中，国家投资占42.90%；林业投资渠道多元化，非公有制社会资本投资林业建设的积极性较高。
- 2016年，区内林业系统在岗职工人数17.78万人，占全国林业系统的16.11%；林业在岗职工年平均工资为44 243元，略低于全国平均水平，在岗职工平均工资比2015年增加3 641元，增幅8.97%。

3. 西部地区林业发展

西部地区包括内蒙古、广西、重庆、四川、贵州、云南、西藏、陕西、甘肃、青海、宁夏、新疆12个省（自治区、直辖市）。该区地域广阔，国土面积占全国总土地面积的七成，尽管森林资源总量大，但生态环境脆弱，林业经济总量较小，产业结构单一，林业建设与保护的任务艰巨。

造林成绩突出，林业重点工程造林为主体

- 区内共完成造林面积379.42万公顷，占全国造林总面积的52.67%，其中，重点工程造林总面积147.81万公倾。内蒙古的造林面积61.85万公顷，名列全国首位。
- 区内共有林业系统自然保护区850个，面积10 576.46万公顷，分别占全国的36.94%和83.94%。西藏的自然保护区面积4 100.60万公顷，名列全国第一。

生态建设与保护形势依然严峻

- 2016年，区内共发生森林火灾970次，占全国的47.69%，比2015年下降42.23%；火灾发生率0.28次/万公顷，低于全国平均火灾发生率的水平；火灾受害率0.28‰。
- 区内发生林业有害生物面积653.25万公顷，占全国的53.93%；林业有害生物发生率4.24%；林业有害生物防治率60.60%，与2015年相比，林业有害生物发生面积仍然较大，发生率略有下降，防治率仍为各区域最低。

林业经济总体产出水平较低，林业产业发展的基础总体仍较为薄弱

- 2016年，区内林业产业总产值14 692.66亿元，比2015年增长13.46%，占全国林业产业总产值的22.64%。单位森林面积实现林业产值11 832.69元/公顷，仅为全国平均水平的40.26%。
- 林业三次产业结构比由2015年的50∶33∶17调整为49∶33∶18；林业第三产业产值比重略有上升，产业结构持续优化。

4. 东北地区林业发展

东北地区包括辽宁、吉林、黑龙江3省。土地面积约为国土面积的一成，但是作为我国历史悠久的林业基地，此区域的森林资源和林业发展在全国范围内

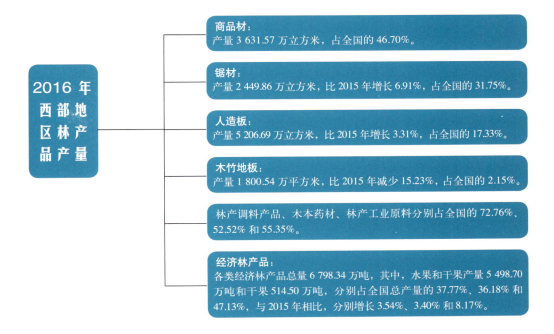

西部地区部分省份优势产业

广西
- 为我国重要的木材战略储备生产基地，商品材产量高达 2 686.55 万立方米，名列全国第一；
- 林业产业较为发达，产业总产值已达 4 776.96 亿元，排名列该区第一和全国第三；
- 林下经济产值达 798.45 亿元，居该区第一和全国第二。

四川
- 接待林业旅游人数高达 3.03 亿人次，名列全国首位。

全国林业投资的重点区域，单位投资水平较低

- 2016 年，区内完成林业投资 2 117.34 亿元，占全国总投资额的 46.95%，比 2015 年增长 3.83%，其中，国家投资占 41.25%。广西林业投资额高达 1 014.61 亿元，名列全国第一。
- 该区单位林地面积投资额 1 165.59 元/公顷，系全国平均水平的 80.80%，单位投资额较低。

具有举足轻重的作用。国有林区135个森工局有82个分布在该区，国有经济比重较高。商品材产量持续调减，林业产业呈现负增长。

森林资源丰富，生态建设与森林灾害预防和控制取得成效

- 区内共完成造林面积 42.99 万公顷，占全国造林总面积的 5.97%；其中，重点工程造林总面积 24.43 万公顷，占该区总造林面积 56.83%。吉林省的造林规模最大，为 15.79 万公顷。
- 2016 年，区内共发生森林火灾 192 次，比 2015 年减少 143 次，占全国的 9.44%；森林火灾发生率 0.24 次/万公顷，远低于全国平均火灾发生率。
- 区内发生林业有害生物面积 134.96 万公顷，占全国的 11.14%；林业有害生物发生率 3.56%；林业有害生物防治率 75.34%，与 2015 年相比，发生率略有下降，防治率也明显下降。

商品材产量持续调减，林业产业呈现负增长

- 受国有林区产业转型影响，区内林业产业总产值 4 320.33 亿元，比 2015 年减少 8.77%，占全国林业产业总产值的 6.66%。林业三次产业结构比由 2015 年的 40∶44∶16 调整为 39∶44∶17。
- 随着天然林停伐政策的实施，该区的商品材产量进一步调减，区内商品材产量 488.66 万立方米，比 2015 年大幅减少 19.97%，占全国的 6.28%。
- 该区食用菌山野菜等森林食品占全国总产量的 24.03%，也是我国森林食品的主产区。区内林业旅游与休闲产业持续发展，共接待旅游人数 1.00 亿人次，比 2015 年增长 6.38%。

国家投资占主导，职工人数比重较大，职工收入水平较低

- 2016 年，区内完成林业投资 296.26 亿元，占全国总投资额的 6.57%，比 2015 年下降 7.49%，其中，国家投资占 94.26%。
- 2016 年，区内林业系统在岗职工人数 44.75 万人，占全国林业系统的 40.54%；黑龙江省林业系统在岗职工人数 26.38 万人，名列全国首位。
- 该区的林业在岗职工年平均工资 34 655 元，是全国林业系统在岗职工年平均工资的 74.19%，为各区最低；在岗职工平均工资比 2015 年增加 2 462 元，增幅 7.65%。

全国各区林业发展情况比较见表8和图27。排名前10位的各省（自治区、直辖市）林业发展状况见表9。

表8 2016年传统区划下的林业发展主要指标比较

指 标	全国	东部地区	中部地区	西部地区	东北地区
森林覆盖率（%）	21.63	36.98	36.45	18.17	40.84
人均造林面积（公顷/万人）	52.40	26.60	43.36	102.18	39.27
人均林地面积（公顷/人）	0.23	0.08	0.13	0.49	0.34
单位在岗职工创造林业产值（万元/人）	587.78	2 340.29	885.04	430.49	96.55
单位森林面积林业产业产值（元/公顷）	31 242.18	92 747.19	41 978.72	11 832.69	13 158.44
林业系统在岗职工年平均工资（元/年）	46 714	65 793	44 243	53 673	34 655
单位林地面积投资额（元/公顷）	1 442.65	2 758.10	1 833.84	1 165.59	787.21
林业区位熵（林业专业化程度）		0.89	1.18	1.12	0.98

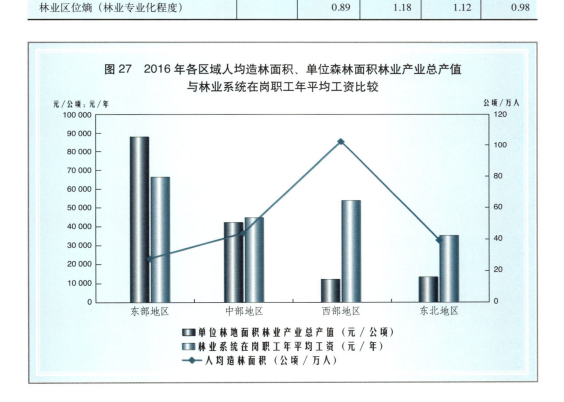

图27 2016年各区域人均造林面积、单位森林面积林业产业总产值与林业系统在岗职工年平均工资比较

表9 2016年排名前十位的各省林业发展状况

排序	森林覆盖率		造林面积		林业产业总产值		商品材产量		林业投资额		林业区位熵	
	省份	数值（%）	省份	数值（万公顷）	省份	数值（亿元）	省份	数值（万立方米）	省份	数值（亿元）	省份	数值
1	福 建	65.95	内蒙古	618 484	广 东	76 957 847	广 西	26 865 485	广 西	10 146 123	广 西	3.11
2	江 西	60.01	河 北	583 361	山 东	67 263 543	广 东	7 560 105	山 东	3 170 368	江 西	2.27
3	浙 江	59.07	四 川	568 532	广 西	47 769 623	福 建	5 758 284	四 川	2 680 872	福 建	1.92

（续）

排序	森林覆盖率		造林面积		林业产业总产值		商品材产量		林业投资额		林业区位熵	
	省份	数值(%)	省份	数值(万公顷)	省份	数值(亿元)	省份	数值(万立方米)	省份	数值(亿元)	省份	数值
4	广 西	56.51	湖 南	503 235	福 建	46 106 717	安 徽	4 472 698	湖 南	2 672 818	海 南	1.58
5	海 南	55.38	云 南	496 451	江 苏	42 564 193	云 南	3 915 838	福 建	2 448 630	安 徽	1.57
6	广 东	51.26	贵 州	478 701	浙 江	41 663 309	山 东	3 561 428	北 京	1 755 104	湖 南	1.42
7	云 南	50.03	甘 肃	325 580	湖 南	37 363 158	河 南	2 739 954	湖 北	1 669 467	云 南	1.36
8	湖 南	47.77	广 东	305 404	江 西	35 048 245	湖 南	2 737 453	内蒙古	1 627 553	新 疆	1.30
9	黑龙江	43.16	陕 西	297 642	安 徽	31 923 833	江 西	2 280 099	黑龙江	1 385 455	吉 林	1.25
10	陕 西	41.42	江 西	289 560	四 川	30 603 257	四 川	2 016 088	陕 西	1 330 824	山 东	1.19

（三）东北、内蒙古重点国有林区林业发展

东北、内蒙古重点国有林区是指黑龙江、吉林和内蒙古包含内蒙森工集团、吉林森工集团、长白山森工集团、龙江森工集团、大兴安岭林业集团下属87个森工企业所构成的林区。

2016年，国有林区改革全面进入实施阶段。东北、内蒙古重点国有林区林业发展模式由以木材生产为主转变为以生态修复和建设为主、由利用森林获取经济利益为主转变为保护森林、提供生态服务为主。

森林资源状况

- 东北、内蒙古重点国有林区经营总面积3 274.12万公顷；
- 森林面积2 598.90万公顷，占全国森林面积的12.51%，森林覆盖率79.38%；
- 林地面积2 926.15万公顷，占全国林地面积的9.43%；
- 森林蓄积25.99亿立方米，占全国森林蓄积的17.17%。

注：东北、内蒙古重点国有林区森林资源数据来自第八次全国森林资源清查结果，统计范围包括87个森工企业及部分保护区等经营范围。

林业系统从业人员状况

- 东北、内蒙古重点国有林区林业系统人员56.28万人，其中，在岗职工人数33.51万人；
- 林业在岗职工年平均工资33 229元，是全国林业系统在岗职工年平均工资的71.15%，为全国最低。

林业产业及林产品生产状况

- 林业产业总产值 723.73 亿元，林业三次产业结构比为 41：25：34。
- 林业第三产业尤其林业旅游与休闲产业持续发展，接待旅游人数 0.12 亿人次，实现收入 73.60 亿元，占第三产业比重 29.68%。
- 该区商品材产量自 2011 年以来调减幅度明显，全国商品材产量总体保持稳定，对全国商品材产量的影响很小。2016 年，商品材产量 14.57 万立方米（图 28），其中，原木 13.42 万立方米；锯材产量 12.35 万立方米；人造板产量 9.58 万立方米。
- 各类经济林产品产量 20.28 万吨，其中，森林药材、食用菌和山野菜产量分别为 3.39 万吨、8.84 万吨和 4.95 万吨。

林业投资情况

- 2016 年，区内完成林业投资 194.77 亿元，其中，中央财政资金 176.38 亿元，占区内林业投资额的 90.56%；
- 林业投资主要投向生态建设与保护，投资额达 160.63 亿元，其中，营造林投资 133.36 亿元，占区内林业投资额的 83.02%。

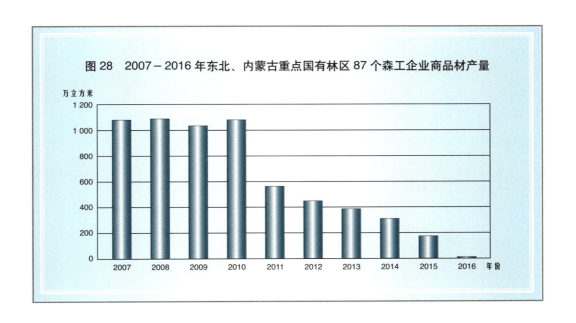

图 28　2007－2016 年东北、内蒙古重点国有林区 87 个森工企业商品材产量

专栏 19　振兴东北地区等老工业基地林业工作进展情况

中央林业资金　2016 年，国家林业局不断加强振兴黑龙江、吉林、辽宁、内蒙古东部等东北地区老工业基地（以下简称"东北地区"）工作，累计安排东北地区中央林业投资 283.26 亿元，其中，中央财政资金 252.4 亿元，中央基建资金 30.86 亿元。安排东北地区林业贴息贷款 39.9 亿元。

林业重点工程完成情况　一是天然林资源保护二期工程。安排天然林资源保护二期工程补植补造项目约 50 个，中央投资 2.26 亿元。二是防沙治沙及荒漠化综合治理工程。2016 年，安排内蒙古赤峰市、锡林郭勒盟京津风沙源二期工程林业建设任务 67.7 万亩，下达林业建设资金 1.77 亿元。继续推进沙化土地封禁保护补助试点工作，安排中央财政补助资金 1 500 万元。三是防护林体系建设工程。安排东北地区三北防护林体系建设资金 7.05 亿元，营造林面积 232.3 万亩。四是自然保护区建设工程。不断加强珍稀濒危野生动植物保护。2016 年，累计投入资金 8 803 万元，用于 7 处国家级自然保护区的保护站点、巡护设施、科研监测、公众教育和生态旅游等方面的基础设施建设。五是湿地保护与恢复工程。安排湿地生态效益补偿、退耕还湿试点、湿地保护与恢复、湿地保护奖励等中央财政资金 3.6 亿元，实施中央财政湿地补贴项目 71 个。

林业基础设施建设　一是森林公安和防火基础设施建设。将大小兴安岭、长白山、完达山森林防火重点区纳入《全国森林防火规划（2016—2025 年）》16 个森林防火重点区范围。2016 年，累计安排东北地区森林防火项目资金 3.4 亿元，安排森林公安补助资金 1.97 亿元。二是林木种苗工程建设情况。安排林木良种培育补贴资金 3 760 万元。三是林业工作站建设。安排林业工作站基本建设投资 1 140 万元，建设标准化林业工作站 66 个。四是林业科技支撑。安排中央财政林业科技推广示范资金 5 300 万元；推广应用沿海地区、采矿迹地、退化地等生态修复技术，实施推广项目 50 个。

Ⅰ

P123-134

林业开放合作

- 政府间林业合作
- 林业履行国际公约
- 林业专项国际合作
- 林业对外经济合作
- 林业重要国际会议

林业开放合作

2016年，林业对外开放与国际合作持续深化。政府间林业合作深入开展；国际履约尽职尽责；专项国际合作取得丰富成果；中资林业企业积极参与国际合作与竞争，国外贷款项目稳步推进。

（一）政府间林业合作

2016年，林业双边部门间合作主动融入国家整体外交战略布局，推动务实合作。一是配合国家重大外交工作。国家林业局局长作为习近平主席特使，出席了中非共和国新任总统图瓦德拉就职仪式，并向图瓦德拉转达了习主席的热烈祝贺。为习主席访问捷克、塞尔维亚选送了适合当地自然条件、具有友好象征意义的银杏、珙桐树苗，并按照习主席指示向塞尔维亚后续赠送了苹果、枣、红枫和银杏树苗。在国家领导人的见证下，与俄罗斯、乌拉圭、印度尼西亚签署了部门间合作协议。落实了领导人承诺，顺利将一对大熊猫送抵韩国，受到韩国民众热烈欢迎。二是推进与沿线国家交流合作。全力支持斯洛文尼亚推动中国—中东欧国家林业合作协调机制工作，促成中国—中东欧国家林业合作高级别会议通过16+1林业合作行动计划，成立16+1林业合作协调办公室和联络小组。16+1林业合作写入第五次中国—中东欧国家领导人会晤发表《中国—中东欧国家合作里加纲要》。推动澜沧江—湄公河林业合作，利用2016中国—东盟林业合作论坛之机，与柬埔寨、越南签署林业合作协议。召开了中欧森林执法与治理双边协调机制第七次会议。三是中美林业合作继续向推进合作共赢发展。参加了第八轮中美战略与经济对话，5项林业相关工作被纳入成果清单；打击野生动植物非法贸易和中国园项目被列入G20杭州峰会期间中美元首会晤成果清单。中美两国先后举办了打击野生动植物非法交易对口磋商、打击非法采伐和相关贸易双边论坛等双边机制性活动，并重新签署了《关于共建中国园的谅解备忘录》，举办了中美共建中国园开工典礼。四是推动中俄林业全方位交流。召开了中俄林业工作组第八次会议、中俄边境地区森林防火联防第四次会晤、中俄兴凯湖保护区混委会第二次会议等机制性会议，重新签署了《中俄林业合作谅解备忘录》；面向企业举办了中俄林业投资政策论坛、产业推介会、中俄林业托木斯克木材工贸合作区调研、在俄中资企业座谈等活动。五是积极援助亚非拉发展中国家林业发展。落实中非合作论坛峰会成果，形成项目储备清单，印发《中国对非洲林业领域发展援助政策实施规划》；推动《中国—吉尔吉斯斯坦荒漠化防治合作项目框架》、中国政府援蒙古国戈壁熊技术援助项目列入商务部对外援助项目；推进埃塞俄比亚中非竹子中心项目，援建埃及荒漠化防治中心项目。举办了11期发展中国家培训班，其中包括1个部级研修班，为发展中国家培训学员347人次。六是继续巩固深化双边林业务实工作。推动高层对话交流，接待芬兰农业和环境部长、尼泊尔森林与土壤保护部部长等高级别代表团，组织高级别对话活动60余场。进一步完善合作机制，与外国林业主管部门新签署政府部门间合作协议10份。召开双边和区域机制性会议共18个，落实我国与尼泊尔、澳大利亚、阿根廷、秘鲁、俄罗斯、美国、加拿大、日本、韩国等国双边合作协议，推动中国—中东欧、中日韩区域合作机制化、规范化。与美国、德国、芬兰、日本等国在森林健康、林业应对气候变化、生物质能源、自然保护、森林疗养、水土保持、国有林管理、松材线虫防治、国家公园管理等领域开展合作活动。参加中美能源和环境十年合作框架联合工作组、中德技术合作低碳土地利用项目、中美科技联委会等活动，积极开拓林业科技合作。

2016年对外签署合作协议

- 《中华人民共和国国家林业局与蒙古国环境、绿色发展与旅游部关于林业合作的谅解备忘录》；
- 《中华人民共和国国家林业局和新西兰资源保护部有关促进迁徙水鸟及其栖息地保护合作的安排》；
- 《中华人民共和国国家林业局与日本国环境省关于野生动植物和生态系统保护合作的谅解备忘录》；
- 《中华人民共和国国家林业局和俄罗斯联邦林务局关于林业合作的谅解备忘录》；
- 《中华人民共和国国家林业局与印度尼西亚共和国环境与林业部关于共同推进大熊猫保护合作的谅解备忘录》；
- 《中华人民共和国国家林业局和美利坚合众国农业部关于共建中国园的谅解备忘录》；
- 《中华人民共和国国家林业局和乌拉圭牧农渔业部关于林业合作的谅解备忘录》；
- 《中华人民共和国国家林业局和越南社会主义共和国农业与农村发展部关于林业合作的谅解备忘录》；
- 《中华人民共和国国家林业局和柬埔寨农林业渔业部关于林业合作的谅解备忘录》；
- 《中华人民共和国国家林业局与美利坚合众国农业部关于林业合作的谅解备忘录》（续签至2020年）。

（二）林业履行国际公约

《濒危野生动植物种国际贸易条约》（CITES） 2016年，《濒危野生动植物种国际贸易条约》（CITES）履约顺利开展。一是积极参与国际谈判。派团出席CITES第六十六次常委会、CITES第十七次缔约方大会以及各专门政策或物种议题会议，在CITES第十七次缔约方大会中，我国成功当选CITES常委会副主席国。参与打击野生动植物和森林犯罪问题以及象、犀牛、虎、高鼻羚羊、穿山甲、木材等热点物种问题会议以及相关应对工作，配合做好中国—欧盟履约交流对话、中非合作论坛、东亚峰会等相关议题研究和处置准备。二是加强多、双边履约管理合作。保持与CITES秘书处、国际刑警组织、世界海关组织等国际机构以及东南亚国家联盟、南亚区域合作联盟、非洲野生动植物执法网络组织的联系合作，执行与美国、欧盟、德国等国双边履约合作项目，组织开展了中国—老挝、中国—越南履约管理执法交流研讨活动，组织海关、森林公安等部门赴莫桑比克、南非开展履约宣讲活动，推进与津巴布韦开展履约交流活动。三是深化大陆与港、澳、台管理交流。组织参加年度中央政府与香港、澳门履约管理协调会议，邀请港、澳同行到内地参加综合培训会议，派团赴港进行履约管理培训，组织开展海峡两岸野生动植物贸易管理交流活动。四是推进履约执法协调工作。参与打击野生动植物非法贸易部级联席会议相关工作，召开第十二次敏感物种执法联席会议和部门间CITES履约执法协调小组第六次联席会议；加大对走私虎、豹、犀、象、穿山甲、海龟等濒危物种大要案件侦破查处工作。组织和协调对网上非法交易濒危物种活动的管控。联合美国鱼和野生动物管理局、墨西哥联邦环境检察署召开石首鱼识别技术和非法贸易管理培训研讨会；与国际刑警组织、联合国毒罪办、世界海关组织就开展打击野生动植物犯罪全球控制下交付联合行动进行磋商。举办对越南、老挝边境一线管理和执法人员培训班。组织2016年打击野生动植物非法贸易卫士奖活动，为全国20个单位和个人颁发"打击野生动植物非法贸易卓越卫士奖""优秀卫士奖或倡导卫士奖"。

《联合国防治荒漠化公约》（UNCCD） 一是2016年6月17日，国家林业局与《联合国防治荒漠化公约》（UNCCD）秘书处在人民大会堂共同举办了"世界防治荒漠化日全球纪念活动暨'一带一路'共同行动高级别对话"，发布了《"一带一路"防治荒漠化共同行动倡议》。来自23个国家的500多名政府官员、专家、民间组织和企业代表参加了活动。此次活动以"推动'一带一路'防治荒漠化共同行动，实现全球土地退化零增长"为主题，将建设绿色丝绸之路与落实联合国可持续发展议程相结合，突出绿色和共享发展理念，契合联合国"拯救地球、消除贫困"的目标。与会各方分享和交流了成功案例，探讨了构建合作伙伴，实现土地退化零增长的战略、措施和途径。二是2016年9月我国成功申办UNCCD第十三次缔约方大会，同年10月31日至11月4日通过了UNCCD秘书处第一次会议评估。三是深入参与全球荒漠化治理，推动设立全球目标和制定公约新战略框架。我国政府代表亚太区域参加UNCCD 2018－2030新战略框架、土地退化零增长指标制定工作，推动将土地退化零增长目标纳入公约十年战略。参加UNCCD履约审查委员会第十五次会议，代表亚洲组提出国家报告周期调整方案，协调落实荒漠化公约亚太区域办事处来华落户东道国谈判。三是落实UNCCD第十二次缔约方大会决议，制定国家履约自愿目标。参加荒漠化公约土地退化零增长国家履约自愿目标项目，召开了专家咨询会，启动制定国家履约目标及其行动方案。

《湿地公约》（RAMSAR） 一是组织参加《湿地公约》第五十二次常委会会议。参与会议全会讨论，特别关注第十二届缔约方大会通过并开始执行的相关决议。参加了亚洲区域会议、IUCN关于黄海湿地保护研讨会、WWF关于世界原野大会等讨论与磋商，与秘书处官员、常委会成员及国际组织代表就有关议题进行有效沟通交流，宣传我国湿地保护和合理利用方面的成就和经验。二是组织开展公约有效决议翻译及汇编。湿地公约至今共举办了12次缔约方大会，形成决议和建议324条，其中，有效决议和建议298条。这是我国加入湿地公约以来首次开展历届缔约方大会有效决议翻译及汇编，对于加深履约谈判人员对国际规则的研究和了解，增强我国在公约谈判中的话语权和决策权，保护和发展国家利益，具有重要意义。三是开展国际湿地城市认证准备工作。湿地公约第十二届缔约方大会通过了《关于〈湿地公约〉湿地城市认证的决议》（12.10号决议）。这是《湿地公约》倡导在全球范围内推广的一项全新工作。四是组织完成国际重要湿地数据更新工作。按照《湿地公约》相关决议要求，组织开展对1992年和2004年列入《国际重要湿地名录》的15处国际重要湿地数据进行更新，并提交公约秘书处。五是按照《国际重要湿地生态特别变化预警方案》的要求，继续开展监测及数据汇总。六是加强国际重要湿地能力建设。在香港米埔、厦门举办培训班7期，培训人员200人次。派员参加在韩国举办的东亚和东南亚区域湿地管理人员培训研讨会。

《联合国气候变化框架公约》（UNFCCC） 一是积极参与气候谈判。2016年11月，中国政府组团参加了在摩洛哥马拉喀什召开的气候变化大会。与会代表就《巴黎协定》特设工作组的谈判进程达成一致，制订了2017－2018年气候谈判的工作计划和内容。林业作为《巴黎协定》的单独条款，是协定后续谈判进程的重要组成部分。中国代表团参加了国家自主贡献特征、核算规则、透明度、全球盘点和促进性对话等谈判进程，主办了"生态治理提升人类福祉"主题边会，向国际社会介绍中国林业为全球生态安全和气候安全做出的努力与贡献。二是抓实中美碳汇合作。2016年4月，中美双方在在上海举办的森林、气候、融资和投资问题研讨会上研讨了绿色金融、林业对外投资和融资等方面的问题。2016年5月，在华盛顿召开的林业相关温室气体测量、报告和核查技术研讨会上研讨了林业相关温室气体的测量、报告和核查技术。2016年10月，在广西举办的森林减缓和适应气候变化协同的技术和政策研讨会上交流了林业减缓和适应气候变化的技术问题，并讨论了双方下一步合作计划，中美森林适应气候变化试点取得重要阶段性进展。三是加强宏观规划指导。积极落实国家应对气候变化相关战略规划要求，出台了《林业应对气候变化"十三五"行动要点》《林业适应气候变化行动方案》和《2016年林业应对气候变化重点工作安排与分工方案》。发布了《2015年林业应对气候变化政策与行动》白皮书。配合国家发展和改革委员会对省级人民政府2015年及"十二五"二氧化碳排放强度降低目标进行了考核，促进林业减排工作。四是完善碳汇监测体系。进一步推进全国林业碳汇计量监测体系建设，制定印发了2016年体系建设工作方案，举办了体系建设培训班。编制完成《全国优势树种基本木材密度标准》等8项技术规范。强化林业碳汇计量监测成果管理，制定了土地利用、土地利用变化与林业（LULUCF）碳汇监测成果质量检查方案、数据核实方案，完成第一次（2014－2016）全国LULUCF碳汇计量监测数据查验核实，形成1.64万个监测样地1.8亿组监测数据，进一步充实完善了基础数据库，建立了成果展示系统。组织完成中国气候变化第一次两年更新报告林业部分。五是探索推进碳汇交易。完成全国林业碳汇开发交易工作摸底调研，编制了《林业碳汇项目开发交易指南》。加强林业碳汇项目开发的政策咨询和技术指导，对30多个林业碳汇交易项目提出了备案审查意见。完成对东北国有林区8个森林经营碳汇项目的专项调查研究。举办了3期面向全国相关管理和技术人员的林业碳汇项目开发交易专题培训班，培训246人次。截至2016年底，正在履行项目备案和交易相关程序的林业碳汇项目近90个，交易试点取得积极进展。

《国际植物新品种保护公约》等 一是派团参加了国际植物新品种保护联盟技术委员会第五十二次会议，行政和法律委员会第七十三次会议，顾问委员会第九十一、九十二次会议，理事会第三十三次特别会议和第五十次常规会议；参加了《国际植物新品种保护公约》框架下繁殖材料及收获材料研讨会等会议。二是开展林业知识产权保护国际合作，参加了中日韩自贸区第十轮谈判司局级磋商、中欧知识产权合作项目访问研究及东亚植物新品种保护论坛，执行了《中韩植物新品种保护合作备忘录》，开展中韩植物新品种保护交流活动。三是派员参加了《生物多样性公约》执行问题附属机构（SBI）第一次会议；审查关于《名古屋议定书》爱知生物多样性指标16的进展情况，评估和审查《卡塔赫纳生物安全议定书》的成效和战略计划的中期评价、资源调动、财务机制等；参加了《生物多样性公约》第十三次缔约方大会及其议定书缔约方会议。四是派员参加森林认证国际会议、森林认证认可体系PEFC技术会议和年会、国际标准化组织ISO产销监管链认证编制工作会议，了解各成员国发展动态。

履行《蒙特利尔进程》　推进森林可持续经营　中国是蒙特利尔12个成员国之一，近年来积极参加相关活动，履行成员国义务。2016年，开展了相关工作。一是成功举办了蒙特利尔进程第二十六届工作组会，积极推动《蒙特利尔进程宣言》修订工作，推动各国加大7个森林可持续经营标准的推广应用工作。二是开展蒙特利尔进程森林可持续经营标准与指标体系在国内的推广应用工作，组织开展"经营单位级森林可持续经营指数研建与测试""集体林区基于农户的森林可持续经营水平调研与评价"，研发建设国有林业局森林可持续经营管理决策信息平台。指导有关林业局的蒙特利尔进程标准指标体系推广应用，组织编制《中国森林可持续经营简要报告》。

（三）林业专项国际合作

防治荒漠化国际合作 一是推动中国—埃及防治荒漠化示范和培训中心项目新址可行性评估；加强与伊朗、吉尔吉斯斯坦、土耳其等国的交流，深入推进"一带一路"防治荒漠化国际合作。二是服务国内建设重点，组织15人赴美国开展为期14天的沙漠公园引智培训，学习国外国家公园建设和管理经验。三是启动与全球环境基金及联合国粮食及农业组织可持续土地管理决策支持项目。四是全年共派出44人次13个团组，赴10个国家执行任务，邀请22个国家的40余人来华参加培训和考察，促进防治荒漠化交流合作。

野生动植物保护国际合作 一是派团参加了在美国夏威夷召开的世界自然保护联盟（IUCN）第六届世界自然保护大会，参与多个议题和边会的讨论，阐明中国政府立场和主张，维护了国家权益。二是派团参加在越南举行的"第三届打击野生动植物非法贸易国际会议"，介绍我国在打击野生动植物非法贸易方面所做的努力，阐述了我国打击野生动植物非法贸易的立场和观点。三是完成了中日第十六次候鸟保护工作会议、中澳第十二次候鸟保护工作会议和中韩第五次候鸟保护工作会议双边会谈，签署了《中国—新西兰候鸟保护备忘录》。四是完成了2013年和2014年在日本繁殖的朱鹮接返和安置工作。五是组团参加了在香港召开的"国际植物园保护联盟（BGCI）第六届国际兰花保育大会"；吉林、黑龙江两省实施的东北虎保护全球环境基金（GEF）项目正式获得批准。六是组织召开"首届野生动物与公共健康研讨会"和"第九届亚太地区野生动物疫病防控国际研讨会"，协调应对野生动物源人兽共患病的严峻威胁。七是派团赴南非开展野生动物类型国家公园建设管理培训；与世界自然保护联盟（IUCN）合作翻译出版《IUCN自然保护地管理分类应用指南》。八是举办非洲、东南亚野生动物保护执法人员来华培训班。

湿地保护国际合作 一是积极开展湿地保护多边及双边国际合作；扎实推进全球环境基金（GEF）5期项目、6期项目申请，取得实质进展。二是完成了《中美自然保护议定书》附件12合作项目，举办了中美湿地保护研讨会；参加世界自然保护联盟（IUCN）第六届世界保护大会。三是与英国野禽及湿地基金会（WWT）签署了合作备忘录；国家林业局与天津滨海新区、美国保尔森基金会签署了三方合作协议。四是中国湿地公约履约办公室与美国保尔森基金会、河北省政府共同主办了北戴河滨海湿地及水鸟保护国际研讨会。五是中国湿地公约履约办公室与南京大学等共同主办了第十届国际湿地大会。本次会议是近40年来首次独立在亚洲国家举办。六是组织香港湿地保护管理培训班。分别与世界自然基金会、美国保尔森中心合作组织5期香港湿地保护管理培训班，培训人数69人。

民间合作与交流 一是依法指导、规范18家涉林境外非政府组织在华活动。组织召开《境外非政府组织境内活动管理法》实施座谈会，完善涉林境外非政府组织合作管理文件；召开了国家林业局与6个境外非政府组织合作年会，全年实施了59个合作项目，落实资金8 089万元；成功举办大森林论坛2016年年会、"一带一路"与区域自然保护合作研讨会等。二是创新小渊基金和森林疗养合作新模式，全年执行小渊基金项目61个；日方以中日民间绿化合作名义向中日绿色合作投资90亿日元（约合人民币5.34亿元）；组织召开中国林业经济学会森林疗养国际合作专业委员会会议，支持北京、四川等省（直辖市）稳步推进森林疗养国际合作。

亚太森林恢复与可持续管理 2016年，中国政府继续大力支持和推动亚太森林恢复与可持续管理组织（以下简称"亚太森林组织"）工作，并取得积极进展。一是为亚太森林组织发展和运行提供资金和技术支持，保证了亚太森林组织秘书处正常运转和在亚太区域开展的森林恢复与可持续管理示范项目、政策对话、能力建设、信息共享等活动顺利开展。二是支持亚太森林组织面向大湄公河、东南亚和中亚地区开展"森林资源管理""林业与乡村发展""大中亚地区荒漠化综合治理和沙产业发展"国际培训班和奖学金项目，共培训区域林业官员和工作者53名，促进区域林业官员相互交流和业务能力提升。三是配合"一带一路"战略拓展国际交流平台，促进区域林业协同发展。依托亚太森林组织深化大中亚林业战略合作高级研讨会机制、亚太地区院校合作机制、亚太地区人力资源交流机制，召开国际会议，同时积极谋划亚太地区林业科研机构合作机制、大湄公河跨境野生动物保护机制，推动区域林业官员对相关领域的热点问题进行经验交流和信息共享，受到各方高度关注和欢迎。四是协助亚太森林组织开展规划和制度建设工作，支持其第二届董事会和理事会通过《亚太森林组织管理指南》和《亚太森林组织2016－2020战略规划》等管理和发展文件，为亚太森林组织按照国际惯例运行、实现可持续发展奠定坚实基础。支持和配合第二任秘书长的选聘工作，健全亚太森林组织顶层治理机构。

（四）林业对外经济合作

林业企业境外经营 2016年，中资企业参与国际合作和竞争，在全球配置森林资源的能力全面提升。中资企业在俄罗斯、非洲、东南亚、美洲等国家和地区林业投资合作租用林地规模稳定在6 000多万公顷，投资合作项目200多个，输出劳务人员约1万多人。在俄罗斯、新西兰、秘鲁、加蓬等国投资的林业项目进展顺利。林业机械对外交流与产能合作能力不断增强，林机产品出口额达40亿美元。境外林业投资合作由过去单一的采伐及粗加工方式向采伐、精深加工、销售一体化转变，木材工业园区建设成为投资新模式。

国外贷款项目实施　2016年，国外贷款项目稳步推进。一是截至2016年底，世界银行贷款"林业综合发展项目"实际完成投资15.22亿元，占计划投资的116.27%；其中，世界银行贷款6.23亿元（折合9 909万美元）、配套资金8.99亿元，分别占计划投资的99.05%和132.21%。项目累计完成造林13.23万公顷，是计划造林的99.77%；其中，营造多功能人工林9.38万公顷，现有林修复3.85万公顷，分别占计划造林的100.86%和97.22%。项目提出并在中国北方平原沙地、山地丘陵、黄土高原和南方丘陵等生态脆弱地区实践了混交造林模型37个，其中，新造多功能混交林模型29个，现有人工林修复模型8个。二是欧洲投资银行贷款林业打捆项目启动实施，欧洲投资银行贷款1亿欧元，国内配套资金8.9亿元。项目涉及河南、广西、海南三省（自治区）。项目计划造林4.5万公顷，现有林改造2.9万公顷，以及开展森林认证等项目活动。项目举办了欧洲投资银行贷款"珍稀优质用材林可持续经营项目"启动暨项目实施管理培训班，15个省105名项目人员参加了培训。三是亚洲开发银行贷款西北三省（自治区）林业生态发展项目继续实施。项目营造经济林5.7万公顷、生态林5 578公顷。项目提款报账5 757.5万美元，赠款报账97.45万美元。四是全球环境基金"中国林业可持续管理提高森林应对气候变化能力项目"启动实施。2016年10月举办了项目启动暨实施管理培训班，编制了《项目管理办法》《项目财务管理办法》，项目正式进入实施阶段。

（五）林业重要国际会议

联合国粮食及农业组织（FAO）林委会会议　2016年7月，联合国粮食及农业组织（FAO）第二十三届林委会暨第五届世界林业周在意大利罗马召开，来自联合国粮食及农业组织100多个成员国和有关国际组织的代表参加了会议。会议主题是制定新的森林议程。中国政府派团参会，阐述了中方对全球林业发展热点问题的看法，指出农、林业发展并不是一对矛盾，包括中国在内的全球23个国家在成功提高农业产量和改善粮食安全状况的同时并未毁林；城市化和基础设施建设也给森林恢复带来机遇，提议将森林作为支撑可持续发展的生态基础，多渠道加大森林可持续经营投入。

虎保护亚洲部长级会议　2016年4月12～14日，第三届虎保护亚洲部长级会议在印度首都新德里召开，来自中国、俄罗斯、印度、印度尼西亚等13个虎分布国的部长及高级官员出席会议。印度总理莫迪出席会议开幕式并发表讲话。中国政府派团参会，参与各项会议议题讨论，阐述了中方观点和立场。会议通过了《全球虎保护新德里决议》（以下简称《决议》）。《决议》指出，老虎是旗舰物种和良好生态系统的重要标志，各虎分布国政府和国际社会应认真履行相关承诺，进一步采取措施，相互支持与合作，为保护全球老虎做出新的努力，以实现到2022年全球老虎数量翻1倍的保护目标。

打击野生动植物非法贸易会议　2016年11月16~18日，第三届打击野生动植物非法贸易会议越南河内会议在越南河内召开，会议的目的是推动落实打击野生动物非法贸易伦敦会议和卡萨内会议所达成的共识。越南国家副主席、老挝政府副总理、英国剑桥公爵和联合国副秘书长出席会议开幕式并讲话。会议由越南政府主办，来自47个国家和7个国际组织的部长或高级别官员出席会议并介绍了各方近2年来打击野生动植物非法交易取得的进展。我国政府派团出席会议，在会上介绍了中国野生动植物保护方面的工作，强调国际社会应继续就打击野生动物非法贸易加强国际合作。会议审议通过了《打击野生动植物非法贸易河内声明》。

大森林论坛会议　2016年4月18~22日，大森林论坛2016年年会在云南西双版纳傣族自治州举办。会议由国家林业局与美国产权和资源组织共同举办，会议主题是"国有林改革与绿色增长"。来自美国、巴西、瑞典等10个国家的林业机构领导人和专家代表50余人出席会议。中国林业主管部门领导出席会议，介绍了2015年以来中国政府出台和实施《国有林场改革方案》和《国有林区改革指导意见》，全面推进国有林场改革，推动林业发展模式由以木材生产为主向生态修复和生态服务为主转变等情况，分享了中国推进国有林场改革、林业绿色发展的经验。会议期间，中国林业主管部门代表会见了巴西、加拿大、肯尼亚、瑞典、美国等国林业机构负责人，并就加强双边林业合作事宜进行了广泛而深入的交流。

联合国森林论坛专家会议　2016年3月和4月，中国政府先后派员赴日本和美国出席了联合国森林论坛国际森林安排战略规划特邀专家会议，讨论修订《联合国森林文书》及制定战略规划和工作计划，并就战略规划的总体意见、名称、沟通策略、战略措施、工作计划、监测、评估和报告机制、全球森林资金网络的重点工作、国际森林安排各组成部分的作用等议题提出了指导性意见。会议决定联合主席将在会后提供国际森林安排战略规划和工作计划的结构和框架，供各成员国和利益攸关方提交反馈意见。

亚太经济合作组织（APEC）打击非法采伐专家组会议　2016年2月和8月，亚太经济合作组织（以下简称"APEC"）打击非法采伐专家组会在秘鲁首都利马召开，中国政府派员参会。会议期间，各经济体回顾了在打击非法采伐及相关贸易法律层面的进展，讨论进一步推进实施《木材合法性国别指南》模板，审议了有关APEC经济体提出的相关活动及项目建议，并就专家组2017年工作计划及2018-2022年工作战略等进行磋商。中国代表团积极参加会议议题讨论，维护我国合法木材贸易权益，推动建立区域木材合法性互认机制，预防和打击非法采伐和相关贸易。

中国—中东欧国家林业合作高级别会议 2016年5月，第一次中国—中东欧国家林业合作高级别会议在斯洛文尼亚首都卢布尔雅那召开。来自中国以及斯洛文尼亚、阿尔巴尼亚、保加利亚等中东欧国家林业主管部门的高级别代表出席了会议，围绕构建中国—中东欧国家林业合作协调机制、促进林业投资贸易增长、推动林业科研教育合作进行了广泛交流。会议讨论并通过了《中国—中东欧国家林业合作协调机制行动计划》。同日，中国—中东欧国家林业产业工商与投资研讨会在卢布尔雅那召开，其间中国大自然家居控股有限公司与斯洛文尼亚林业企业签署战略合作协议。

中国—东盟林业合作论坛 2016年9月，在广西南宁举办了中国—东盟林业合作论坛。论坛以"维护森林生态安全，提高国民福祉"为主题，来自老挝、越南、马来西亚等7个东盟国家林业主管部门的部长及高官和各省（自治区、直辖市）林业部门负责人及国际机构和企业的嘉宾代表共约200人出席，参会东盟各国代表分别作了国别发言并参加了专题研讨。论坛通过了《中国—东盟林业合作南宁倡议》，该倡议重点明确了我国与东盟各国将在林业领域加强五方面的交流与合作，即：促进发挥林业在减缓和适应气候变化中的重要作用；深化林业产业和相关贸易合作，提升林产品贸易额，促进林产品和木材合法性互认等；加强林业科技合作与交流，促进科技和学术人员等交流互访，提升林业科技创新能力；加强野生动植物保护方面合作，加强林业灾害联防和合作，开展边境林火联防、林木种苗和林产品检疫等方面合作；同意进一步完善中国与东盟各国林业合作机制，利用中国—东盟博览会平台，每4年举办一次"中国—东盟林业合作论坛"。

首届大中亚地区林业部长级会议 为促进大中亚地区对加强林业发展的承诺，开展务实合作，推动区域林业协同发展，配合"一带一路"战略的实施，在亚太森林恢复与可持续管理组织（APFNet）的支持下，首届大中亚地区林业部长级会议于2016年5月30日在哈萨克斯坦首都阿斯塔纳举办，会议通过了《阿斯塔纳宣言》，决定建立大中亚林业部长级会晤机制，定期组织部长级会议和专家研讨会，增进各经济体之间的沟通联络，加强在森林保护和恢复、应对气候变化、荒漠化防治、减缓土地退化等领域的区域合作。

世界荒漠化日纪念活动 为落实我国"一带一路"建设战略规划，推动"一带一路"沿线国家防治荒漠化合作，宣传中国荒漠化防治成就，国家林业局于2016年6月17日在北京承办了2016年世界荒漠化日全球纪念活动暨"一带一路"共同行动高级别对话活动，发布了《"一带一路"防治荒漠化共同行动倡议》。

双边和区域机制性会议 2016年，共召开并参加了林业双边和区域机制性会议18个（表10）。

表10　2016年双边和区域机制性会议

序号	会议名称	会议时间	会议地点
1	中国—尼泊尔林业工作组第四次会议	1/13	尼泊尔
2	中欧森林执法和施政双边协调机制第七次会议	3/15	北京
3	中国—澳大利亚工作组第十一次会议暨非法采伐工作组第三次会议	3/22	澳大利亚
4	中国—阿根廷林业工作组第一次会议	4/22	阿根廷
5	中国—秘鲁林业工作组第一次会议	4/26	秘鲁
6	第一次中国—中东欧国家林业合作高级别会议	5/24	卢布尔雅那
7	中国—俄罗斯第八次林业工作组会议暨投资政策论坛	5/27	俄罗斯
8	中美打击野生动植物非法交易对口磋商	6/6	北京
9	中俄兴凯湖保护混委会第二次会议	7/4	海参崴
10	中国—芬兰林业工作组第十九次会议	9/1	芬兰
11	第三次中日韩林业司局长会晤	9/7	日本
12	中日韩候鸟保护系列会议（3个会议）	10/26～27	澳大利亚
13	中美打击非法采伐和相关贸易双边论坛第七次会议	11/1	美国
14	第四次中俄边境地区森林防火联防会晤	11/16	北京
15	第三次中蒙边境地区森林防火联防会晤	11/22	北京
16	中加林业工作组第八次会议和打击非法采伐及其贸易圆桌会议	12/1～2	北京

J P135-168

林产品市场

- 木材产品市场供给与消费
- 主要林产品价格
- 主要林产品进出口

林产品市场

2016年，林产品出口和进口小幅减少，国内市场好于国际市场，出口和进口分别下降2.14%和1.85%；其中，木质林产品出口低速下降、进口微幅增长，在林产品贸易中出口占比持续小幅下降、进口占比略有提高；非木质林产品出口低速增长，进口进一步较快下降。林产品贸易顺差微幅缩小。木材产品市场总供给（总消费）为55 777.69万立方米，比2015年增长1.10%；其中，国内市场供给小幅下降、进口较快增长，进口超过国内供给；国内市场消费微幅扩大、出口小幅增长，木家具出口量增值减。原木与锯材产品总体价格水平环比稳中微涨、同比下降，进口价格环比与同比均呈先降后升态势，进口价格的波幅明显大于总体价格的波幅。

（一）木材产品市场供给与消费

1. 木材产品供给

木材产品市场供给由国内供给和进口两部分构成（图29）。国内供给包括商品材、农民自用材和农民烧柴、木质纤维板和刨花板（图30）；进口包括进口原木、锯材、单板、人造板、家具、木浆、纸和纸制品、废纸、木片及其他木质林产品。2016年木材产品市场总供给为55 777.69万立方米，比2015年增长1.10%。

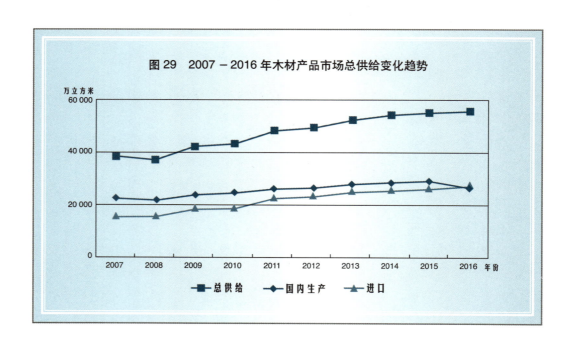

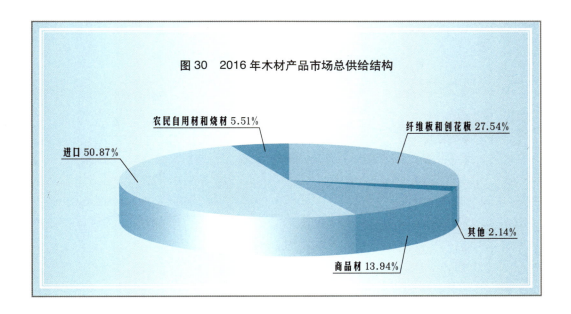

图30　2016年木材产品市场总供给结构

商品材　2016年，全国商品材产量为7 775.87万立方米，比2015年增长7.73%；其中，原木产量7 125.45万立方米，比2015年增长8.85%，薪材（不符合原木标准的木材）650.41万立方米，比2015年下降3.19%。

农民自用材和烧柴　根据测算[6]，农民自用材和烧柴折合木材供给量为3 072.59万立方米，其中，农民自用材为688.81万立方米，农民烧柴为2 383.78万立方米。

木质纤维板和刨花板　2016年，木质纤维板产量为6 443.97万立方米，比2015年下降2.64%；木质刨花板产量为2 572.10万立方米，比2015年增长28.72%。木质纤维板和刨花板折合木材供给15 457.30万立方米，扣除与薪材产量的重复计算部分，相当于净增加木材供给15 359.74万立方米。

进口　2016年，我国木质林产品进口折合木材28 374.74万立方米，其中，原木4 872.47万立方米，锯材（含特形材）4 104.43万立方米，单板和人造板448.02万立方米，纸浆及纸类（木浆、纸和纸板、废纸和废纸浆、印刷品）16 581.87万立方米，木片2 082.58万立方米，家具、木制品及木炭285.37万立方米。

其他　2016年，由上年库存、超限额采伐等形式形成的木材供给为1 194.76万立方米。

2. 木材产品消费

木材产品市场消费由国内消费和出口两部分构成（图31）。国内消费包括工业与建筑用材消费、农民自用材和烧柴消费（图32）；出口包括出口原木、锯材、单板、人造板、家具、木浆、木片、纸和纸制品、废纸及其他木质林产品。2016年，木材产品市场总消费为55 777.69万立方米，比2015年增长1.10%。

---

⑥ 根据第八次全国森林资源清查林木蓄积年均采伐消耗结果推算。

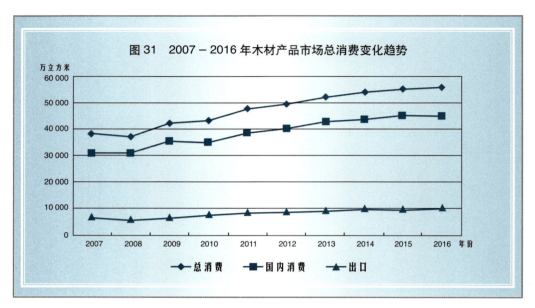

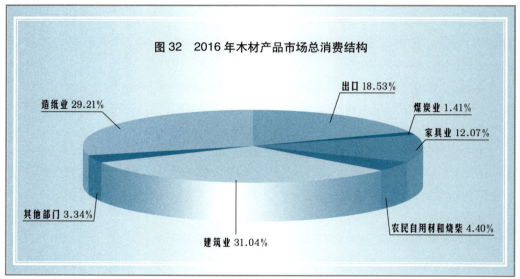

工业与建筑 据国家统计局和有关部门统计,按相关产品木材消耗系数推算,2016年我国建筑业与工业用材折合木材消耗量为42 988.36万立方米,比2015年增长1.90%。其中,建筑业用材(包括装修与装饰)17 315.25万立方米,比2015年增长3.26%;家具用材(指家具的国内消费部分,出口家具耗材包括在出口项目中)6 732.65万立方米,比2015年增长3.71%;造纸业用材16 293.44万立方米,比2015年增长0.98%;煤炭业用材783.67万立方米,比2015年下降15.23%;车船制造、化工、化纤等其他部门用材1 863.35万立方米,比2015年下降0.22%。

农民自用材和烧柴 根据产量测算[⑦],农民自用材消耗量为688.81万立方

[⑦] 根据第八次全国森林资源清查林木蓄积年均采伐消耗结果推算。

米，农民烧柴消耗量为2 383.78万立方米。由于农民自用材消耗中有很大一部分用于农民建房，约合619.93万立方米，扣除与建筑用材消耗的重复计算后，农民自用材和烧柴消耗量为2 452.66万立方米。

出口 2016年，我国木质林产品出口折合木材10 336.67万立方米。其中，原木9.46万立方米，锯材（含特形材）69.77万立方米，单板和人造板3 374.95万立方米，纸浆及纸类（木浆、纸和纸板、废纸和废纸浆、印刷品）2 907.52万立方米，家具3 658.89万立方米，木片、木制品和木炭316.08万立方米。

3. 木材产品市场供需的特点

2016年，我国木材产品市场供需的主要特点表现为：木材产品总供求微幅增长，其中，国内供给小幅下降、进口较快增长，进口首次超过国内供给；国内需求和出口低速增长；原木与锯材产品总体价格水平与进口价格水平基本平稳、同比下降；从环比看，总体价格水平在微幅波动中上扬，进口价格水平在小幅波动中先降后升。

木材产品总供给微幅增长，国内供给减少、进口增加，进口首次超过国内供给 从国内供给看，2016年尽管农民自用材和烧柴产量持续大幅下降，木质纤维板产量也小幅减少，但刨花板产量大幅增加，同时原木产量较快增长，国内木材产品实际供给减少3.90%；从进口看，尽管废纸进口量小幅下降，但原木、锯材、木浆、木片、纸类和纸板等主要产品进口量快速增长，木材产品进口总量增长6.45%，在木材产品总供给中的比重为50.87%。

木材产品总消费略有扩大，出口小幅增长 从国内消费看，2016年，建筑业用材消耗随房屋建设规模的扩大而略有增加，同时商品房销售面积的大幅回升带动装修用材和家具用材需求的快速增长，加上造纸用材消耗略有扩大，木材产品国内消费增长0.47%；同时，随着全球经济的逐步复苏，特别是美国房地产市场的回暖，除纤维板出口大幅下降外，家具、胶合板出口小幅增长，同时纸和纸板出口快速扩大，木材产品出口总规模扩大3.97%。

原木与锯材产品总体价格水平环比稳中微涨、同比下降，进口价格环比与同比均呈先降后升态势 2016年，木材产品（原木与锯材）总体价格水平，除12月外，其他各月同比全面较大幅度下跌，跌幅区间为0.09%~9.97%，且跌幅逐月收窄；从环比看，除2月和10月下跌外，其余月份持续上涨，涨幅区间为0.19%~1.56%。各月进口木材产品价格水平同比前三季度下降、第四季度上涨，跌幅区间为1.73%~10.25%，涨幅区间为5.68%~6.86%；从环比看，除5月、7月、9月和11月在0.80%~5.88%间小幅上涨外，其余月份价格小幅下降，降幅区间为0.70%~3.00%。

（二）主要林产品价格

原木和锯材 根据商务部和中国木材与木制品流通协会发布的木材市

场价格综合指数的月度数据，2016年木材（原木和锯材）价格综合指数1~5月基本稳定在105.0%左右、6~8月在107.0%上下波动、9月和10月维持在107.5%~108.0%，此后连续上涨至12月的110.5%（图33）。从各月环比变化看，除6月、11月和12月的涨幅分别为1.33%、1.12%和1.56%，以及2月的跌幅为0.76%外，其余月份的涨跌幅度均未超过0.5%（图34）。

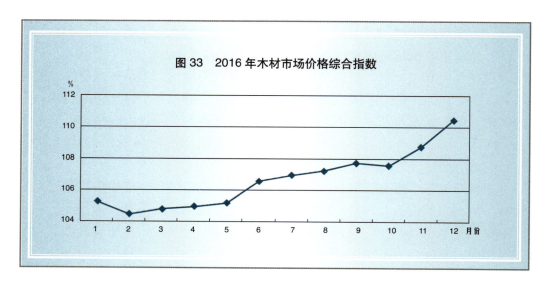

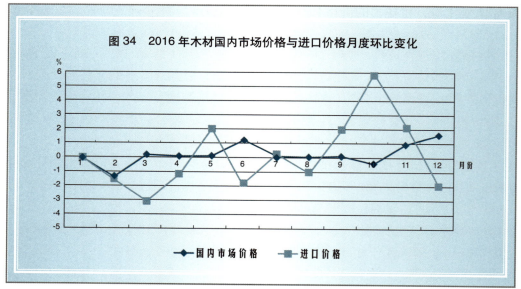

2016年，进口木材（原木和锯材）价格变化大体可以分为3个阶段。第一阶段是1~4月的持续下降期，进口木材综合价格指数由1月的104.2%下降至4月的99.2%；第二阶段是5~9月的低位波动期，进口木材综合价格指数在99.6%~102.0%间波动；第三阶段是10~12月的高位波动期，进口木材综合价格

指数在108.0%～110.7%间波动。从各月环比变化看，除3月的跌幅为3.00%和4月的涨幅为5.88%外，其余月份的环比涨跌幅度均在2.50%以内（图35）。

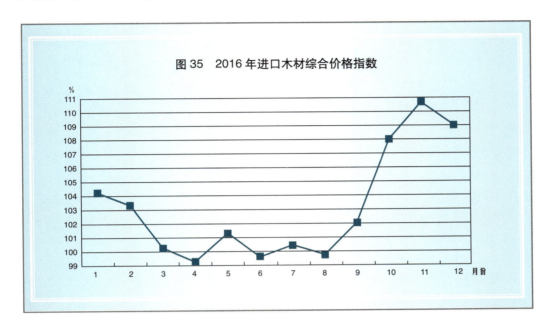

图35　2016年进口木材综合价格指数

水果　根据农业部信息中心发布的月度批发价格数据，2016年水果价格从环比变化看，柑橘类的价格具有明显的季节波动，苹果和梨的价格相对平稳（图36）；从同比变化看，大宗水果月度价格总体呈现大幅下跌态势。

苹果价格变化大体可分为2个阶段，第一阶段是1～5月的波动下跌期，苹果价格从1月的4.47元/千克上涨至2月的4.78元/千克，随后基本稳定在4.20～4.35元/千克。与2015年相比，除5月和9月的涨幅分别为5.51%和4.41%外，其他各月度价格同比大幅下降，降幅为1.14%～28.93%，且降幅总体上呈收敛态势。

梨的价格变化大体可分为3个阶段。第一阶段是1～5月的高位平稳期，梨价格维持在3.70～3.85元/千克；第二阶段为6～8月高位波动期，梨价格在3.65～4.20元/千克间波动；第三阶段是9～12月的低位平稳期，梨价格稳定在3.20～3.35元/千克间波动。与2015年相比，各月度价格同比全面大幅下跌，除5月和10月跌幅分别为5.82%和0.60%外，其余月度价格同比跌幅超过8.50%，其中，1月和7月的跌幅超过15%、2～4月和12月的跌幅超过17%。

柑橘类的价格变化大体可分为3个阶段。第一阶段是1～4月的高位平稳期，柑橘价格稳定在3.10～3.70元/千克；第二阶段是5～8月的低位波动期，柑橘价格在1.20～2.60元/千克间波动；第三阶段是9～12月的高位波动期，柑橘价格基本在2.70～4.90元/千克间波动。与2015年相比，月度价格同比涨跌交替大幅波动，其中，月度价格同比涨幅1月为17.14%、11月和12月分别为15.13%和38.81%；月度同比跌幅除2月为4.43%外，其他月份接近或超过15%。

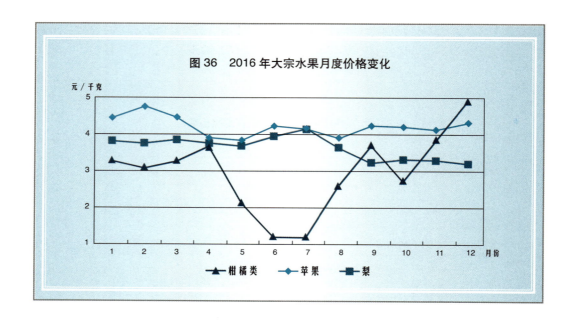

蘑菇和竹笋 根据农业部信息中心发布的月度批发价格数据，2016年，竹笋价格具有明显的季节波动，蘑菇价格相对平稳（图37）。

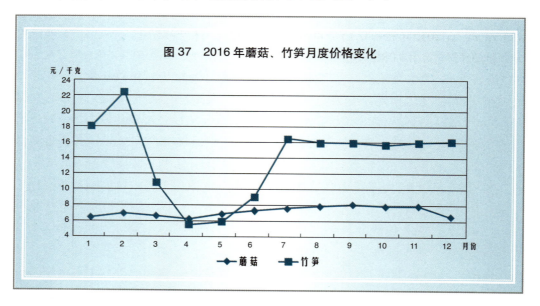

竹笋价格变动呈现明显的季节性特点，大体可以分为3个阶段。第一阶段是1~2月的高位上涨期，由1月的18.09元/千克涨至2月的22.52元/千克。第二阶段为3~6月的低位下降期，由3月的10.87元/千克降至4月的5.46元/千克，随后回涨至6月的9.08元/千克。第三阶段是7~12月的高位平稳期，价格基本稳定在15.70~16.50元/千克。与2015年相比，总体价格水平上涨、月度价格涨跌交替波动；1月、6月、11月和12月的竹笋月度价格同比分别下降14.91%、

14.42%、7.62%和9.92%，其余月份的竹笋月度价格同比大幅上涨，2月和10月涨幅分别为13.51%和8.86%、3～5月涨幅为102.80%～127.50%、7～9月涨幅为40.85%～57.33%。

蘑菇价格变化大体分为3个阶段。第一阶段是1～5月，价格在6.25～7.00元/千克间波动。第二阶段是6～11月，价格在7.35～8.20元/千克间波动。第三阶段是12月，价格为6.63元/千克。与2015年相比，总体价格水平下降，各月间涨跌交替变化；3月和10～12月的价格同比上涨，涨幅在2.00%～18.37%；其余各月的价格同比下跌，跌幅区间为5.40%～11.94%。

（三）主要林产品进出口

1. 基本态势

林产品出口和进口小幅下降，出口降幅大于进口降幅，贸易顺差微幅缩小；在全国商品进出口贸易中所占比重进一步提高 2016年，林产品进出口贸易总额为1 351.03亿美元，比2015年下降2.00%；其中，林产品出口726.77亿美元，比2015年下降2.14%，低于全国商品出口7.84%的平均降速，占全国商品出口额的3.46%，比2015年提高0.20个百分点；林产品进口624.26亿美元，比2015年下降1.85%，低于全国商品进口5.63%的平均降速，占全国商品进口额的3.93%，比2015年提高0.15个百分点（图38）。林产品贸易顺差为102.51亿美元，比2015年缩小4.08亿美元。

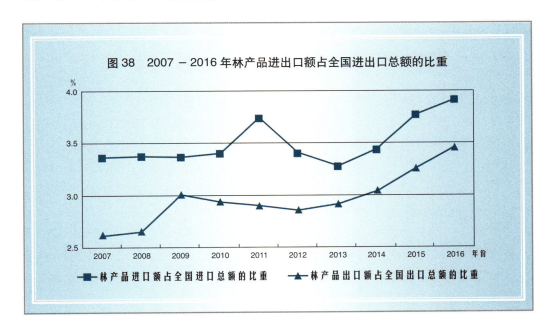

图38 2007－2016年林产品进出口额占全国进出口总额的比重

林产品进出口贸易中木质林产品仍占绝对比重，但其出口占比持续小幅下降、进口占比略有增长 2016年，林产品进出口贸易总额中，木质林产品占

70.92%,比2015年下降0.13个百分点。其中,林产品出口额中,木质林产品占比为74.33%,比2015年下降1.48个百分点;林产品进口额中,木质林产品占比为66.95%,比2015年提高1.45个百分点(图39)。

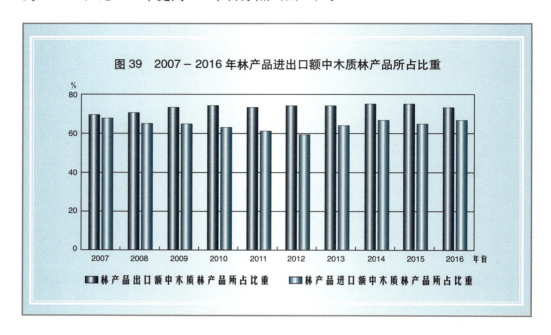

林产品贸易以亚洲、北美洲和欧洲市场为主;出口市场中,亚洲的份额小幅提高,拉丁美洲和非洲的份额下降;进口市场中,亚洲的份额进一步缩小,欧洲、大洋洲和拉丁美洲的份额扩大。从主要贸易伙伴看,出口市场仍以美国为主,市场集中度小幅提高;进口则维持以美国、东盟国家、俄罗斯、加拿大为主的市场格局,市场集中度略有下降 2016年,林产品出口总额中各洲所占份额依次为:亚洲48.63%、北美洲25.00%、欧洲15.83%、非洲4.06%、大洋洲3.52%、拉丁美洲2.95%;与2015年相比,亚洲的份额提高2.08个百分点,拉丁美洲和非洲的份额分别下降0.74和0.67个百分点。林产品进口总额中各洲所占份额分别为:亚洲33.91%、欧洲22.22%、北美洲19.60%、拉丁美洲11.52%、大洋洲8.57%、非洲4.16%;与2015年相比,亚洲的份额下降2.83个百分点,欧洲、大洋洲和拉丁美洲的份额分别提高1.51、1.03和0.78个百分点。从主要贸易伙伴看(图40),前5位出口贸易伙伴依次是美国、中国香港、日本、越南和英国,占47.44%的市场份额,比2015年提高1.89个百分点,其中,中国香港的份额提高1.57百分点;前5位进口贸易伙伴分别为美国、泰国、印度尼西亚、俄罗斯和加拿大,集中了45.28%的市场份额,比2015年下降1.39个百分点,其中,泰国、印度尼西亚和加拿大的份额分别下降1.09、0.95和0.73个百分点,俄罗斯和美国的份额分别提高0.86和0.52个百分点。

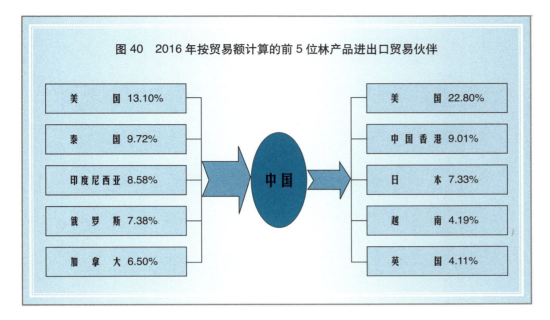

图40　2016年按贸易额计算的前5位林产品进出口贸易伙伴

2. 木质林产品进出口

木质林产品出口低速下降、进口微幅增长，进出口总额小幅缩减；出口产品结构基本稳定，进口产品构成变化明显，进口中纸和纸板的份额小幅下降、锯材的份额略有提高；贸易顺差大幅缩小。

2016年，木质林产品进出口贸易总额为958.19亿美元，比2015年下降2.19%。其中，出口540.23亿美元，比2015年下降4.04%；进口417.96亿美元，比2015年增长0.32%。贸易顺差为122.27亿美元，比2015年缩减16.46%。

从产品结构看，2016年木质林产品出口额中，近75%为木家具、纸及纸浆类产品（图41），与2015年比，木家具的份额提高0.51个百分点，纸及纸浆类的份额下降0.43个百分点；进口额中，纸及纸浆类、原木和锯材的份额接近90%（图42），与2015年比，纸及纸浆类的份额下降2.35个百分点，锯材的份额提高1.47个百分点。

从市场结构看，木质林产品进出口市场相对集中且分布基本稳定。出口中，前5位贸易伙伴的市场份额接近50%，其中，美国和日本的份额合计超过1/3；进口中，前5位贸易伙伴的市场份额超过50%，其中，美国和俄罗斯的份额合计接近30%。按贸易额排序，前5位出口贸易伙伴依次为：美国27.46%、日本6.60%、中国香港6.45%、英国5.04%、澳大利亚3.61%；与2015年相比，前5位出口贸易伙伴的总份额提高0.94个百分点，其中，中国香港的份额提高0.56个百分点。前5位进口贸易伙伴分别为：美国17.13%、俄罗斯10.91%、加拿大9.57%、巴西6.88%、印度尼西亚5.60%；前5位贸易伙伴的总份额与2015年基本持平，其中，俄罗斯和巴西的份额分别提高1.20和0.50个百分点，加拿大和印度尼西亚的份额分别下降1.29和0.55个百分点。

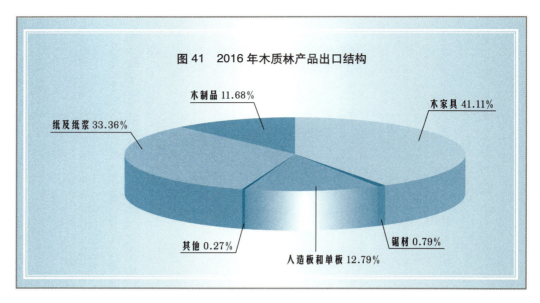

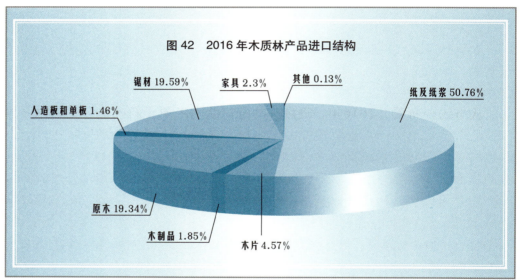

原木 2016年，原木进出口增加，针叶材进口大幅增长、占原木进口量的份额提高，阔叶材进口量增值减；原木进出口的总体价格水平较大幅度下降，阔叶材平均进口价格大幅下降，针叶材平均进口价格微升。

2016年，原木出口9.46万立方米、合0.30亿美元，全部为阔叶材。原木进口4 872.47万立方米、合80.85亿美元，分别比2015年增长9.32%和0.31%。其中，针叶材进口3 366.56万立方米、合41.12亿美元，分别比2015年增长12.00%和12.41%，针叶材进口量占原木进口总量的69.09%，比2015年提高1.65个百分点；阔叶材进口1 505.91万立方米，比2015年增长3.79%，进口额39.74亿美元，比2015年下降9.72%。

从价格看，原木平均出口价格为314.94美元/立方米、平均进口价格为165.93美元/立方米，分别比2015年下跌7.96%和8.24%；其中，针叶材的平均进口价格为122.14美元/立方米，比2015年上涨0.37%，阔叶材的平均进口价格为263.89美元/立方米，比2015年下降13.02%（图43）。

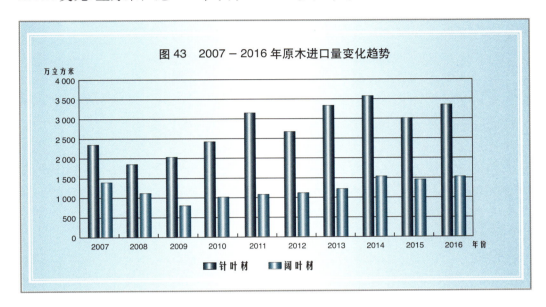

从市场分布看，2016年，近60%的进口原木来源于新西兰、俄罗斯和美国，且市场集中度有所提高。按进口量算，前5位贸易伙伴的份额依次是：新西兰24.69%、俄罗斯22.90%、美国10.87%、澳大利亚7.45%、巴布亚新几内亚6.65%；与2015年相比，前5位贸易伙伴的总份额提高1.87个百分点，其中，美国、澳大利亚和新西兰的份额分别提高1.62、1.09和0.53个百分点，俄罗斯的份额下降0.92个百分点。针叶材进口量中，前5位贸易伙伴的份额为：新西兰34.58%、俄罗斯27.48%、美国13.24%、澳大利亚9.69%、加拿大8.26%；前5位贸易伙伴的总份额与2015年基本持平，其中，美国和澳大利亚的份额分别提高了1.47和1.44个百分点，俄罗斯和新西兰的份额分别下降2.41和1.07个百分点。阔叶材进口量中，前5位贸易伙伴的份额依次为：巴布亚新几内亚21.52%、所罗门群岛15.24%、俄罗斯12.66%、赤道几内亚7.19%、美国5.60%；与2015年相比，前5位贸易伙伴的总份额提高5.30个百分点，其中，赤道几内亚、美国和俄罗斯的份额分别提高2.66、1.57和1.43个百分点。

按贸易额算，原木进口的前5位贸易伙伴的份额依次是：新西兰17.79%、俄罗斯15.71%、美国12.60%、巴布亚新几内亚7.08%、加拿大5.35%；与2015年相比，前5位贸易伙伴的总份额提高3.63个百分点，其中，新西兰、美国和加拿大的份额分别提高2.69、2.36和0.75个百分点，巴布亚新几内亚的份额下降1.12百分点。针叶材进口的前5位贸易伙伴的份额分别为：新西兰33.81%、俄罗斯

24.21%、美国17.31%、加拿大10.55%、澳大利亚8.12%；与2015年相比，前5位贸易伙伴的总份额提高了0.55个百分点，其中，澳大利亚、美国、加拿大和新西兰的份额分别提高1.51、1.49、0.69和0.68个百分点，俄罗斯的份额下降3.82个百分点。阔叶材进口的前5位贸易伙伴的份额依次为：巴布亚新几内亚14.42%、所罗门群岛9.17%、美国7.72%、莫桑比克7.34%、俄罗斯6.88%；与2015年相比，前5位贸易伙伴的总份额下降1.66个百分点，其中，所罗门群岛和巴布亚新几内亚的份额分别下降0.85和0.60个百分点，美国、俄罗斯和莫桑比克的份额分别提高2.11、1.07和0.78个百分点。

2016年，原木进口数量、结构与价格变化的主要原因：一是受我国固定资产投资较快增长，特别是房地产投资增速加快的影响，基建用材需求的扩大导致针叶原木进口数量扩大及其在原木进口总量中的占比提高。二是受国内房地产市场持续升温的影响，国内装修用材和家具用材需求因商品房销售快速增长而大幅扩大，加上家具出口数量略有增加，拉动了阔叶材进口量的增长。三是由于美元升值，加上全球原木市场总需求下降的影响，原木进口价格大幅下跌。

锯材　2016年，锯材出口大幅下降，进口快速增长；进口量中以针叶锯材为主，且针叶材所占比重小幅提高；出口价格中阔叶锯材价格小幅下降、针叶锯材价格大幅提高，进口价格水平全面较大幅度下跌。

2016年，锯材（不包括特形材）出口26.20万立方米，合1.94亿美元，分别比2015年下降9.15%和5.83%；其中，针叶锯材出口11.22万立方米，阔叶锯材出口14.98万立方米，分别比2015年减少15.96%和3.29%。锯材进口3 152.64万立方米、合81.38亿美元，分别比2015年增长18.53%和8.42%；其中，针叶锯材进口2 109.00万立方米、阔叶锯材进口1 043.64万立方米，分别比2015年增长20.61%和14.54%（图44）。从产品构成看，锯材进口总量中，针叶锯材占66.90%，比2015年提高1.16个百分点。从价格看，锯材的平均出口价格为740.46美元/立方米，比2015年提高3.66%，其中，针叶锯材的平均出口价格为641.71美元/立方米，比2015年上涨11.26%，阔叶锯材的平均出口价格为814.42美元/立方米，比2015年下跌2.21%；锯材的平均进口价格为258.13美元/立方米，比2015年下降8.53%，其中，针叶锯材和阔叶锯材的平均进口价格分别为179.90美元/立方米和416.24美元/立方米，分别比2015年下降7.61%和7.52%。

从市场结构看，锯材出口市场主要集中于日本、韩国和美国，市场集中度小幅提高；进口市场则以俄罗斯、加拿大和泰国为主，市场集中度进一步提高。按进出口量计，前5位出口贸易伙伴依次为：日本43.63%、韩国17.84%、美国10.25%、德国3.74%、越南3.48%；与2015年相比，前5位出口贸易伙伴的总份额提高2.00个百分点，其中，德国和越南的份额分别提高1.07和1.00个百分点。前5位进口贸易伙伴分别为：俄罗斯40.56%、加拿大16.81%、泰国12.76%、

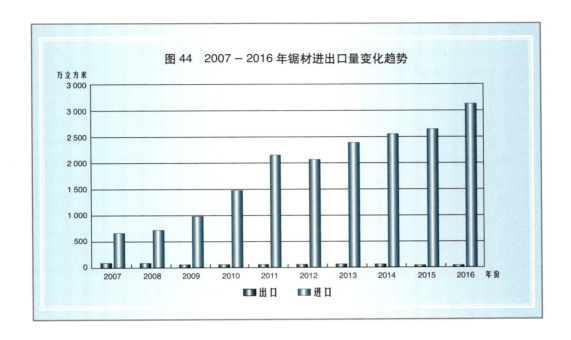

图44 2007－2016年锯材进出口量变化趋势

美国9.26%、芬兰3.03%，与2015年相比，前5位进口贸易伙伴的总份额提高1.31个百分点，其中，俄罗斯、泰国和芬兰的份额分别提高5.05、1.28和0.70个百分点，加拿大和美国的份额分别下降4.45和1.04个百分点。针叶锯材进口量中，前5位贸易伙伴依次为：俄罗斯55.04%、加拿大24.76%、芬兰4.51%、智利3.53%、瑞典3.28%；与2015年比，前5位贸易伙伴的总份额提高0.31个百分点，其中，俄罗斯和芬兰的份额分别提高6.89和1.00个百分点，加拿大的份额下降7.11个百分点。阔叶锯材进口量中，前5位贸易伙伴依次为泰国38.53%、美国21.85%、俄罗斯11.14%、越南4.46%、菲律宾3.00%；与2015年比，前5位贸易伙伴的总份额提高3.40个百分点，其中，泰国和越南的份额分别提高5.02和2.22个百分点，美国的份额下降1.71个百分点。

2016年，特形材出口大幅下降，进口快速增长。出口16.23万吨、合2.34亿美元，分别比2015年下降8.25%和20.14%；进口2.73万吨、合0.51亿美元，分别比2015年增长26.39%和24.39%。特形材进出口中，木地板条出口14.88万吨、合2.12亿美元，分别比2015年下降9.60%和22.06%；进口0.84万吨、合0.21亿美元，分别比2015年增长50.00%和61.54%。按出口额计，前5位贸易伙伴的市场份额依次为：美国44.98%、日本22.36%、英国9.68%、加拿大8.49%、韩国4.74%；与2015年比，前5位出口贸易伙伴的总份额提高4.52个百分点，其中，美国、日本、韩国和加拿大的份额分别提高7.83、5.40、1.01和0.85个百分点。

锯材进口数量与结构变化的主要原因：一是由于我国宏观经济运行总体平稳，国内固定资产投资较快增长，特别是房地产投资增速加快，建设用材需求的扩大，对冲了部分木材加工企业外迁东南亚国家以及国际市场木材加工产品需求萎缩造成的锯材需求下降的影响，涨消因素综合作用使锯材进口总量大幅增加。二是国内房地产市场的持续升温，装修用材和家具用材需求因商品房销售快速增长而大幅扩大，拉动了阔叶锯材进口量的增加。

单板 2016年，单板进出口数量下降、价格上涨，出口数量降速低于进口降速，出口价格涨幅小于进口价格涨幅。

2016年，单板出口24.65万立方米、合2.80亿美元，分别比2015年下降7.16%和1.41%，其中，针叶单板出口0.89万立方米，阔叶单板出口23.76万立方米；单板进口88.06万立方米、合1.58，分别比2015年下降11.83%和2.47%，其中，针叶单板进口4.95万立方米，阔叶单板进口83.11万立方米。单板平均出口价格和平均进口价格分别为1 136.29美元/立方米和178.97美元/立方米，比2015年分别上涨6.31%和10.26%。

从市场格局看，单板出口市场相对分散但基本稳定，进口市场相对集中但变化明显；进出口市场集中度下降。按贸易额计，前5位出口贸易伙伴依次为：越南15.17%、印度13.27%、韩国9.08%、日本8.21%、马来西亚5.91%；与2015年比，前5位出口贸易伙伴的总份额降低1.81个百分点，其中，印度和韩国的份额分别降低3.62和1.27个百分点，越南和马来西亚的份额分别提高3.50和1.55个百分点。前5位进口贸易伙伴分别为：越南34.26%、俄罗斯24.88%、美国6.77%、德国4.04%、喀麦隆2.87%；与2015年比，前5位进口贸易伙伴的总份额降低1.40个百分点，其中，越南的份额降低9.76个百分点，俄罗斯、德国和喀麦隆的份额分别提高6.48、1.72和0.85个百分点。

人造板 2016年，人造板出口量增值减，进口大幅增加；从品种构成看，人造板出口额中，胶合板占绝对比重，且份额小幅持续提高，纤维板的份额进一步下降；进口额中，胶合板和刨花板总份额超过70%，但胶合板和纤维板所占比重小幅下降，刨花板的比重明显提高；从价格看，除纤维板进口价格上扬外，人造板进出口价格全面下跌（表11）。

2016年，人造板出口66.28亿美元，比2015年下降5.75%，进口4.49亿美元，比2015年增长21.02%；其中，胶合板、纤维板和刨花板出口额分别为52.76亿美元、12.28亿美元和1.21亿美元，与2015年相比，胶合板和纤维板出口额分别下降3.86%和13.82%、刨花板出口额增长6.14%；胶合板、纤维板和刨花板进口额分别为1.38亿美元、1.25亿美元和1.84亿美元，分别比2015年增长14.05%、15.74%和30.50%。"三板"出口额中，胶合板、纤维板和刨花板的比重分别为79.64%、18.54%和1.83%，与2015年比，胶合板和刨花板的比重分别提高1.54和0.21个百分点，纤维板的比重降低1.74个百分点；"三板"进口额中，胶合板、纤维板和刨花板的份额分别为30.87%、27.96%和41.16%，与2015年比，胶合板和纤维板的份额分别下降1.83%和1.23个百分点，刨花板的份额提高3.05个百分点。

表11 2016年"三板"进出口变化情况

产品		出口量		出口平均价格		进口量		进口平均价格	
		2016年(万立方米)	比2015年增减(%)	2016年(美元/立方米)	比2015年增减(%)	2016年(万立方米)	比2015年增减(%)	2016年(美元/立方米)	比2015年增减(%)
	胶合板	1117.30	3.77	472.21	−7.36	19.61	18.20	703.72	−3.52
	纤维板	264.92	−12.13	463.54	−1.93	24.10	9.30	518.67	5.89
	硬质板	22.20	4.57	635.14	−0.12	3.71	4.51	727.76	17.43
其中	中密度板	241.05	−13.89	447.62	−2.79	20.09	10.08	482.83	3.67
	绝缘板	1.67	391.18	479.04	−18.56	0.30	15.38	333.33	−13.34
	刨花板	28.82	13.29	419.85	−6.31	90.31	41.35	203.74	−7.68
	其中：OSB(定向结构刨花板)	8.45	27.26	177.51	−21.42	22.28	27.75	197.49	−21.72

2016年，人造板进出口总量与结构变化的主要原因：一是受全球经济复苏整体乏力影响，国际市场特别是拉丁美洲、非洲和欧洲国家对人造板需求不足，对拉丁美洲国家出口胶合板数量下降，对非洲和欧洲国家胶合板的出口微幅增长；对美国、俄罗斯和中东主要纤维板出口贸易伙伴的出口量下降，导致我国人造板出口增长缓慢；但同时，对菲律宾、美国和泰国出口胶合板的大幅增长，一定程度上稳定了人造板出口的低速增长态势。二是受美国环保局（EPA）发布实施的《复合木制品甲醛排放标准》（G/TBT/N/USA/827）和《复合木制品甲醛标准第三方认证框架》（G/TBT/N/USA/828）的影响，一方面，甲醛排放标准的提高直接限制了部分排放超标人造板的出口，同时受美国裁定我国出口的强化木地板排放超标的负面效应影响，中密度纤维板的出口下降；另一方面，虽然我国人造板产量不断增加，但为满足出口美国的木质家具甲醛排放标准的要求，国内企业增加了优质人造板的进口。三是国内房地产市场的持续升温，国内家具产量的扩大引致对优质人造板的需求增加，拉动人造板进口数量的增长。

从市场分布看，胶合板的最大出口市场是美国，且市场集中度进一步提高；进口市场高度集中于马来西亚、俄罗斯和印度尼西亚，但市场集中度进一步降低。纤维板出口市场以北美洲、中东和俄罗斯为主，市场集中度有所提高；进口市场主要集中在欧洲和大洋洲，市场集中度进一步提高。刨花板出口以印度和埃及为主，市场相对分散，进口则高度集中于东南亚和欧洲市场，进出口市场集中度提高。从贸易额看，胶合板出口前5位贸易伙伴的总份额为48.52%，比2015年提高0.58个百分点，其中，美国和菲律宾的份额分别提高

1.46和1.07个百分点，阿拉伯联合酋长国的份额降低1.23个百分点；胶合板进口前5位贸易伙伴的总份额为71.62%，比2015年下降1.76个百分点，其中，马来西亚、芬兰和印度尼西亚的份额分别下降3.76、1.57和0.87个百分点，俄罗斯和中国台湾的份额分别提高3.22和1.22个百分点。纤维板出口前5位贸易伙伴的总份额为46.05%，比2015年下降0.51个百分点，其中，伊朗的份额下降2.96个百分点，加拿大和美国的份额分别提高1.32和1.12个百分点；纤维板进口前5位贸易伙伴的总份额为70.61%，比2015年提高0.64个百分点，其中，德国和瑞士的份额分别提高6.95和1.40个百分点，澳大利亚和新西兰的份额分别下降4.23和3.72个百分点。刨花板出口前5位贸易伙伴的总份额为47.28%，比2015年提高3.43个百分点，其中，印度、埃及和韩国的份额分别提高2.72、1.86和0.89个百分点，阿拉伯联合酋长国的份额下降1.83个百分点；刨花板进口前5位贸易伙伴的总份额为79.37%，比2015年下降1.71个百分点，其中，马来西亚和罗马尼亚的份额分别下降4.87和4.47个百分点，泰国、巴西和德国的份额分别提高7.78、4.18和1.11个百分点（图45）。

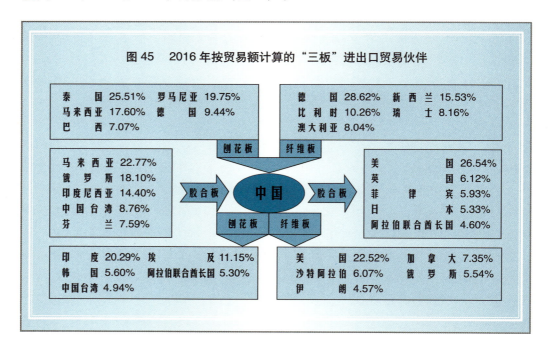

图45　2016年按贸易额计算的"三板"进出口贸易伙伴

木家具　2016年，木家具出口量增值减、进口快速增长；平均出口价格小幅下降、平均进口价格基本稳定，但不同类别家具的进出口价格涨跌差异明显；贸易顺差缩小；出口市场以北美洲、亚洲和欧洲为主，北美洲和亚洲的份额提高、欧洲的份额进一步下降。

2016年，木家具出口3.33亿件，比2015年增长1.83%，出口额为222.09亿美元，比2015年下降2.82%；进口1 110.13万件、合9.62亿美元，分别比2015年增

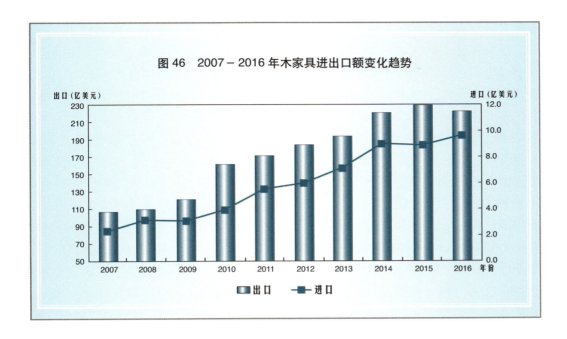

图46 2007-2016年木家具进出口额变化趋势

长8.92%和9.07%（图46）；进出口贸易顺差为212.47亿美元，比2015年缩减3.30%。

从产品结构看，出口以木框架坐具和卧室用木家具为主，进口主要有木框架坐具、卧室用木家具和厨房用木家具。按贸易额，出口中各类家具的份额为：木框架坐具37.77%、卧室用木家具20.54%、厨房用木家具6.66%、办公用木家具5.14%、其他木家具29.89%；与2015年比，木框架坐具和卧室用木家具的份额分别提高1.87和0.81个百分点，厨房用木家具和其他木家具的份额分别下降0.50和1.98个百分点。进口中各类家具的份额为：木框架坐具26.02%、卧室用木家具18.00%、厨房用木家具14.57%、办公用木家具3.43%、其他木家具37.98%；与2015年比，厨房用木家具和木框架坐具的份额分别提高3.57和1.08个百分点，办公用木家具和其他木家具的份额分别下降1.45和2.95个百分点。从价格看，2016年家具平均出口价格为66.69美元/件，比2015年下降4.58%；平均进口价格为86.66美元/件，与2015年基本持平。各类家具的平均出口价格分别为：木框架坐具83.90美元/件、办公用木家具63.39美元/件、厨房用木家具54.81美元/件、卧室用木家具126.69美元/件、其他家具43.67美元/件；与2015年比，厨房用木家具、卧室用木家具和办公用木家具、其他家具的出口价格分别下降12.89%、1.66%、1.28%和11.26%，木框架坐具的出口价格提高1.22%。各类家具的平均进口价格分别为：木框架坐具94.08美元/件、办公用木家具83.65美元/件、厨房用木家具217.39美元/件、卧室用木家具133.86美元/件、其他家具59.26美元/件；与2015年比，办公用木家具、木框架坐具和其他木家具的进口价格分别下降6.95%、5.28%和5.95%，厨房用木家具和卧室用木家具的进口价格分别上涨33.73%和1.11%。

从市场分布看，出口主要集中于北美洲、亚洲和欧洲市场，北美市场的份额小幅提高、欧洲市场的份额略有下降；进口市场中欧洲仍然占有绝对优势，欧洲和北美洲的份额有所提高、亚洲的份额明显下降。2016年，木家具出口额中，各洲的市场份额依次为：北美洲39.80%、亚洲34.17%、欧洲15.86%、大洋洲4.71%、非洲2.74%、拉丁美洲2.72%；与2015年相比，北美洲的份额提高2.32个百分点，非洲和拉丁美洲的份额分别下降1.30和1.19个百分点。木家具进口额中，各主要洲的市场份额依次为：欧洲62.23%、亚洲31.69%、北美洲5.19%；与2015年相比，欧洲的份额提高2.27个百分点，北美洲和亚洲的份额分别下降1.08和0.83个百分点。从主要贸易伙伴看，依贸易额，前5位出口贸易伙伴为：美国36.85%、中国香港7.21%、英国5.68%、日本5.54%、新加坡4.37%；与2015年比，前5位出口贸易伙伴的总份额提高3.65个百分点，其中，美国和中国香港的份额分别提高2.30和1.63个百分点。前5位进口贸易伙伴为：意大利25.56%、越南17.60%、德国13.76%、波兰8.56%、美国5.15%；与2015年相比，前5位进口贸易伙伴的总份额提高3.64个百分点，其中，德国和意大利的份额分别提高3.28和2.61个百分点，美国和波兰的份额分别下降1.08和0.87个百分点。

2016年，家具进出口规模与价格变化的主要原因：一是美国房地产市场的复苏，以及亚洲主要国家和地区需求的扩大拉动了我国木家具出口的增加。按出口额增长量排序，前5位依次为中国香港、美国、马来西亚、韩国和法国，其中对美国和中国香港出口量分别增长6.01%和26.07%，对美国的出口量增加超过家具出口量增加总量。二是由于全球经济复苏整体乏力，以及欧元和许多新兴国家的货币贬值等因素导致除北美洲以外的其他各洲的木家具出口额不同幅度的下降，在一定程度上收窄了木家具出口的增长幅度；其中，对亚洲、欧洲、非洲和拉丁美洲的出口额降幅分别达1.68%、4.58%、34.27%和32.43%；按出口额下降量排序，前5位依次为巴拿马、沙特阿拉伯、阿拉伯联合酋长国、新加坡和英国，降幅分别达69.87%、23.98%、21.63%、9.99%和6.51%。三是越南等东南亚国家在木家具国际市场上的低价竞争优势对我国木家具出口产生了一定的冲击。四是欧洲家具消费中"家居定制"等新的家具消费模式的兴起，国内企业因受物流和技术实力的制约，在与进口国国内或其邻国企业竞争中缺乏区位优势，一定程度上限制了家具出口的增长。五是欧美国家对我国出口家具实施反倾销措施等贸易摩擦的增多，也在一定程度上拉低了我国家具出口的增速。六是国内家具需求因商品房销售面积的增加而增长，加上欧元贬值等因素的影响，促进了我国木质家具进口的增长。

木制品　2016年，木制品出口小幅下降、进口低速增长；贸易顺差缩小。

2016年，木制品出口63.08亿美元，比2015年下降2.29%，进口7.71亿美元，比2015年增长1.18%；进出口贸易顺差55.37亿美元，比2015年缩小2.76%。从各类木制品出口看，建筑用木制品和其他木制品的出口额比2015年分别下降10.58%和1.15%，木餐具与厨房用木制品的出口额比2015年增长4.12%；出口额中各类木制品的份额依次为建筑用木制品19.15%、木工艺品21.42%、木餐具与厨房用木制品10.42%、其他木制品49.01%，与2015年比，建筑用木制品的份额降低1.78个百分点，木餐具与厨房用木制品、木工艺品和其他木制品的份额分别提高0.65、0.56和0.57个百分点。从各类木制品进口看，建筑用木制品和木餐具与厨房用木制品的进口额分别比2015年增长53.19%和10.53%，木工艺品和其他木制品进口额分别比2015年下降20.00%和2.20%；进口额中各类木制品的份额分别为建筑用木制品9.34%、木餐具与厨房用木制品2.72%、木工艺品1.56%、其他木制品86.38%，与2015年比，建筑用木制品的份额提高3.17个百分点，其他木制品的份额降低2.99个百分点。

依贸易额，前5位出口贸易伙伴的份额依次为：美国29.89%、日本11.50%、英国5.88%、德国4.56%、荷兰3.58%；与2015年比，前5位出口贸易伙伴的总份额提高2.52个百分点，其中，美国的份额提高2.00个百分点。前5位进口贸易伙伴的份额分别为：印度尼西亚68.94%、厄瓜多尔5.04%、德国3.01%、越南2.95%、中国2.68%，与2015年比，前5位出口贸易伙伴的总份额降低2.62个百分点，其中，印度尼西亚的份额下降3.86个百分点，越南和德国的份额分别提高1.50和0.87个百分点。

纸类 2016年，纸类产品进出口量增值减，出口变幅高于进口变幅，贸易逆差进一步小幅缩减。从产品类别看，纸和纸制品进出口量增值减、进出口价格下降；木浆进口量增值减、价格大幅回落；废纸进口下降、价格持续小幅下跌。

2016年，纸类产品出口180.22亿美元、进口212.14亿美元，比2015年分别下降5.28%和4.12%；进出口贸易逆差31.92亿美元，比2015年缩小2.97%。出口产品主要是纸和纸制品、印刷品，分别占纸类产品出口总额的91.02%和8.88%，与2015年相比，纸和纸制品的份额提高1.15个百分点；进口产品以木浆、废纸、纸和纸制品为主，分别占纸类产品进口总额的57.49%、23.52%和18.60%，产品构成基本与2015年持平。

纸和纸制品（按木纤维浆比例折合值）出口942.25万吨，比2015年增长12.73%，出口额为164.04亿美元，比2015年下降4.06%；进口309.17万吨（图47），比2015年增长3.54%，进口额为39.45亿美元，比2015年下降2.52%；贸易顺差124.59亿美元，比2015年缩小4.54%；平均出口价格和平均进口价格分别为1 740.94美元/吨和1 276.00美元/吨，分别比2015年下降14.89%和5.85%。

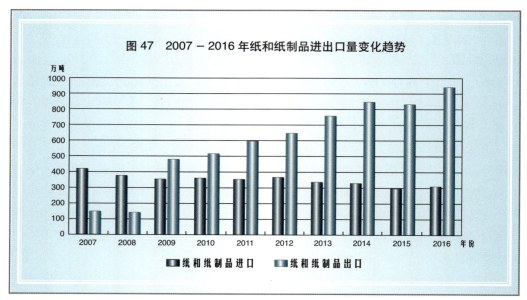

说明：2009－2016年纸和纸产品出口的折算标准与2007－2008年不同。

木浆（不包括从回收纸和纸板中提取的纤维浆）出口2.78万吨、合0.17亿美元；进口2 101.91万吨（图48），比2015年增长6.20%，进口额为121.96亿美元，比2015年下降3.98%；贸易逆差为121.79亿美元，比2015年扩大3.99%；平均出口价格和平均进口价格分别为611.51美元/吨和580.23美元/吨，分别比2015年下降8.63%和9.59%。

废纸进口2 849.84万吨（图48）、合49.89亿美元，分别比2015年下降2.68%和5.57%；平均进口价格为175.06美元/吨，比2015年下降2.97%。

2016年，木浆和纸类产品贸易的总体市场格局变化不大，木浆和废纸进口的市场集中度有所提高，纸和纸制品贸易的市场集中度小幅下降。按贸易额排序，木浆进口的前5位贸易伙伴依次为：巴西21.23%、加拿大19.53%、美国12.53%、印度尼西亚9.69%、智利9.68%；前5位进口贸易伙伴的总份额与2015年基本持平，其中，巴西和美国的份额分别提高2.00和0.51个百分点，加拿大和印度尼西亚的份额分别下降1.89和1.06个百分点。纸和纸制品出口的前5位贸易伙伴的市场份额依次是：美国14.59%、中国香港7.48%、日本6.53%、马来西亚3.99%、越南3.99%；与2015年比，前5位出口贸易伙伴的总份额下降2.60个百分点，其中，美国的份额下降3.24个百分点，马来西亚的份额提高0.90个百分点。纸和纸制品进口的前5位贸易伙伴的份额分别为：美国20.23%、日本13.22%、瑞典10.39%、中国台湾6.61%、德国6.27%；与2015年相比，前5位进口贸易伙伴的总份额下降0.98个百分点，其中，美国的份额下降2.04个百分点，日本和德国的份额分别提高1.10和0.92个百分点。废纸进口中，前5位贸易伙伴的市场份额依次为：美国45.28%、英国12.82%、日本10.83%、荷兰4.88%、加拿大4.66%，与2015年相比，前5位贸易伙伴的总份额提高0.59个百分点，其中，英国和荷兰的份额分别提高0.83和0.55个百分点，加拿大的份额下降0.55个百分点。

木片 2016年，木片进口快速增长、价格下降，进口额中非针叶木片占绝对比重，但份额小幅下降。

2016年，木片进口1156.99万吨（图49）、合19.12亿美元，分别比2015年增长17.83%和12.87%；平均进口价格为165.26美元/吨，比2015年下降4.21%，其中，非针叶木片和针叶木片的平均进口价格分别为165.43美元/吨和160.32美元/吨，比2015年分别下降4.07%和10.45%；进口额中，非针叶木片占96.65%，比2015年下降2.11个百分点。

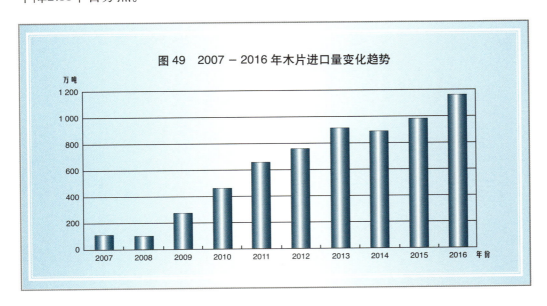

图49　2007－2016年木片进口量变化趋势

木片进口市场主要集中于澳大利亚和东盟国家,但东盟的份额持续下降,市场集中度小幅下降。依进口额,前5位贸易伙伴的份额依次为:澳大利亚37.88%、越南33.26%、泰国10.84%、智利7.66%、印度尼西亚6.10%,与2015年比,前5位进口贸易伙伴的总份额下降1.21个百分点,其中,越南和印度尼西亚的份额分别降低7.05和3.91个百分点,澳大利亚和智利的份额分别提高7.15和3.00个百分点。

3. 非木质林产品进出口

非木质林产品出口低速增长,进口进一步较快下降;贸易逆差大幅缩小;出口产品结构总体稳定,进口产品构成变化明显。

2016年,非木质林产品出口186.54亿美元,比2015年增长3.84%;进口206.30亿美元,比2015年下降5.98%;贸易逆差19.76亿美元,比2015年缩小20.01亿美元。

从产品结构看(图50、图51),与2015年相比,出口额中,茶、咖啡类的份额提高2.71个百分点,林化产品的份额下降1.94个百分点,其他产品的份额微幅增减;进口额中,果类,茶、咖啡类的份额分别提高4.56和1.70个百分点,林化产品和菌、竹笋、山野菜类的份额分别下降3.53和2.90个百分点。

从市场分布看,主要贸易伙伴相对稳定,但出口市场集中度进一步小幅提高、进口市场集中度持续较大幅度下降。按贸易额,前5位出口贸易伙伴的份额依次为:中国香港16.43%、越南10.95%、日本9.47%、美国9.31%、泰国7.41%;与2015年比,前5位出口贸易伙伴的总份额提高1.94个百分点,其

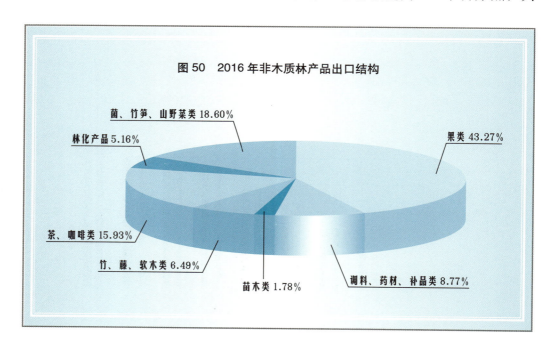

图50 2016年非木质林产品出口结构

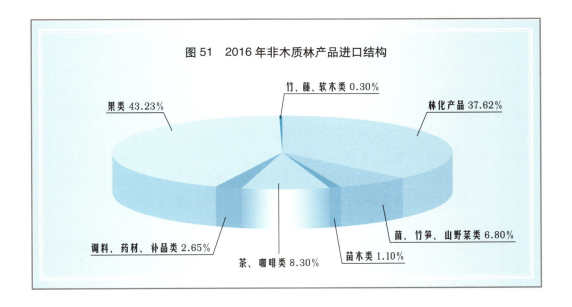

中,中国香港的份额提高4.10个百分点,泰国和美国的份额分别降低1.61和0.60个百分点。前5位进口贸易伙伴的份额分别为:泰国21.11%、印度尼西亚14.63%、马来西亚9.80%、法国8.29%、越南8.21%;与2015年比,前5位进口贸易伙伴的总份额下降5.34个百分点,其中,泰国、马来西亚和印度尼西亚的份额分别下降3.60、1.53和1.32个百分点,法国的份额提高0.79个百分点。

果类 2016年,果类进出口较快增长、但出口增幅小于进口增幅,贸易逆差进一步扩大;出口产品结构相对稳定、进口产品构成变化明显,干鲜果和坚果贸易仍居首位,其出口占比进一步提高,进口占比小幅下降。

2016年,果类出口80.72亿美元、进口89.18亿美元,分别比2015年增长4.51%和5.93%;贸易逆差8.46亿美元,比2015年扩大1.51亿美元;果类出口额中,干鲜果和坚果、果类加工品和其他果类产品所占比重分别为64.23%、35.21%和0.56%,与2015年相比,干鲜果和坚果的比重提高0.89个百分点,果类加工品的比重下降0.89个百分点;在果类加工品出口额中,果类罐头、果汁、果酒和饮料、其他果类加工品的比重分别为23.43%、22.27%、22.03%和32.27%,与2015年比,果类罐头、果汁和其他果类加工品的份额分别下降1.43、1.01和2.95个百分点,果酒和饮料的份额提高5.39个百分点。果类进口额中,干鲜果和坚果占57.23%,果类加工品占42.14%,其他果类产品占0.63%,与2015年比,干鲜果和坚果的比重下降3.24个百分点,果类加工品的比重提高3.44个百分点;在果类加工品进口额中,果类罐头、果汁、果酒和饮料、其他果类加工品的比重分别为1.06%、6.23%、83.51%和9.20%,与2015年相比,果酒和饮料、果汁的份额分别下降1.63和0.68个百分点,其他果类加工品的份额提高2.29个百分点。

从市场分布看，出口以中国香港、东盟国家和美国为主，市场集中度有所下降；进口以欧洲、东盟、拉丁美洲国家为主，市场集中度小幅提高。按贸易额，前5位出口贸易伙伴依次为：中国香港12.62%、泰国12.27%、美国11.15%、越南10.64%、日本7.49%；与2015年比，前5位出口贸易伙伴的总份额下降1.87个百分点，其中，泰国、美国和日本的份额分别下降2.64、1.12和0.67个百分点，中国香港的份额提高2.20个百分点。前5位进口贸易伙伴分别为：法国18.68%、智利16.60%、泰国12.87%、美国9.46%、澳大利亚8.99%；与2015年相比，前5位贸易伙伴的总份额提高1.00个百分点，其中，智利和美国的份额分别提高2.21和1.02个百分点，泰国的份额下降0.70个百分点。

林化产品 2016年，林化产品进出口大幅下降；大宗产品结构变化明显，松香的出口份额较大幅度下降，棕榈油及其分离品的进口份额明显下降；大宗产品进出口价格水平涨跌不一；贸易逆差进一步缩小。

2016年，林化产品出口9.62亿美元、进口77.61亿美元，分别比2015年下降24.55%和14.03%；进出口贸易逆差67.99亿美元，比2015年缩小9.54亿美元。从产品结构看，出口额居前5位的产品总份额为58.00%，分别为松香和树脂酸的深加工品19.54%、松香10.81%、桉叶油13.72%、木质活性炭9.46%、樟脑4.47%，与2015年比，前5位产品的总份额提高1.69个百分点，其中，桉叶油、松香和树脂酸的深加工品、木质活性炭和樟脑的份额分别提高3.92、3.15、2.48和1.10个百分点，松香的份额下降4.41个百分点。从主要产品看，松香出口5.84万吨、合1.04亿美元，比2015年分别下降31.54%和46.39%，平均出口价格为1 780.82美元/吨，比2015年下跌21.70%；松香和树脂酸的深加工品出口8.38万吨，比2015年增长5.94%，出口额为1.88亿美元，比2015年下降10.05%；桉叶油出口1.03万吨，与2015年持平，出口额为1.32亿元，比2015年增长5.60%，出口价格为12 815.53万元/吨，比2015年上涨5.60%。林化产品进口以天然橡胶及天然树胶、棕榈油及其分离品为主，二者的总份额超过80%，比2015年下降4.30个百分点，其中，天然橡胶及天然树胶进口250.12万吨、合33.54亿美元，占林化产品进口额的43.22%，平均进口价格为1 340.96美元/吨，与2015年比，进口量、进口额和平均进口价格分别下降8.59%、14.37%和6.33%，占林化产品进口额的比重下降0.17个百分点；棕榈油及其分离品进口447.80万吨、合28.65亿美元，平均进口价格为639.79美元/吨，占林化产品进口额的比重为36.92%，与2015年比，进口数量、进口额分别下降24.22%和22.67%，平均进口价格上涨2.04%，占林化产品进口额的比重下降4.12个百分点。

林化产品进出口市场的总体格局基本稳定，出口市场局部调整明显、市场集中度略有提高，进口市场集中度小幅下降。按贸易额，前5位出口贸易伙伴为：日本12.96%、美国11.03%、印度尼西亚9.25%、韩国7.77%、印度5.55%；与2015年比，前5位贸易伙伴的总份额提高1.68个百分点，其中，美国、韩国和日本的份额分别提高3.28、1.20和0.77个百分点，印度尼西亚的份额下降1.32个百分点。前5位进口贸易伙伴依次为：印度尼西亚35.92%、泰国26.27%、马来西亚22.44%、越南3.20%、西班牙2.06%，与2015年比，前5位贸易伙伴的总份额下降2.50个百分点，其中，泰国和马来西亚的份额分别下降1.84和1.79个百分点。

菌、竹笋、山野菜类 2016年，菌、竹笋、山野菜类出口较快增长，进口大幅下降；贸易顺差进一步扩大。

2016年，菌、竹笋、山野菜类出口34.71亿美元，比2015年增长5.25%。其中，菌类和竹笋的出口额分别为31.25亿美元和3.39亿美元，分别比2015年增长5.15%和7.62%。菌、竹笋、山野菜类进口14.02亿美元，比2015年下降34.12%，其中，木薯产品进口13.95亿美元，比2015年下降34.20%。贸易顺差20.69亿美元，比2015年扩大8.99亿美元。

从市场结构看，出口以亚洲市场为主，总体市场格局基本稳定，但局部调整明显，东南亚和日本市场的份额下降，市场集中度略有下降；进口市场高度集中于泰国和越南，且市场集中度进一步提高。依贸易额，前5位出口贸易伙伴依次为：越南24.87%、中国香港21.14%、日本12.40%、泰国7.08%、韩国6.89%；前5位出口贸易伙伴的总份额与2015年基本持平，其中，越南、泰国和日本的份额分别降低2.82、2.29和0.85个百分点。中国香港和韩国的份额分别提高6.29和1.39个百分点。主要进口贸易伙伴的市场份额分别为：泰国81.26%、越南16.84%；与2015年比，泰国的份额提高1.14个百分点，越南的份额下降1.28个百分点。

茶、咖啡类 2016年，茶、咖啡类产品进出口快速增长、且增速加快，出口增速高于进口增速；从产品结构看，咖啡类产品（包括咖啡壳、咖啡皮和含咖啡的咖啡代用品）的出口和进口份额大幅提高，茶叶、可可及其制品的出口和进口份额下降；从价格看，除可可的进口价格下降外，其他产品的进出口价格上涨；贸易顺差进一步扩大。

2016年茶、咖啡类产品出口29.72亿美元、进口17.13亿美元，分别比2015年增长25.14%和18.30%，增速分别加快16.99和8.77个百分点；贸易顺差12.59亿元，比2015年扩大3.32亿美元。出口以茶叶和可可产品为主，其中，茶叶出口32.87万吨、合14.85亿美元，占茶、咖啡类出口额的49.97%，平均出口价格为4517.80美元/吨，与2015年比，出口量和出口额分别增长1.14%和7.45%，占茶、咖啡类出口额的比重下降8.22个百分点，平均出口价格上涨6.24%；可可及其制品出口4.26亿美元，比2015年下降3.62%，占茶、咖啡类出口额的14.33%，比2015年下降4.28个百分点；咖啡类产品出口5.28亿美元，比2015年增长

132.60%，占茶、咖啡类出口额的17.77%，比2015年提高8.21个百分点。进口以可可及其制品和咖啡类产品为主，其中，可可及其制品进口6.86亿美元，比2015年下降21.33%，占茶、咖啡类产品进口额的40.05%，比2015年降低20.17个百分点；咖啡类产品进口4.94亿美元，比2015年增长115.72%，占茶、咖啡类产品进口额的28.84%，比2015年提高13.03个百分点；茶叶进口2.27万吨、合1.12亿美元，占茶、咖啡类进口额的6.54%，平均进口价格为4 933.92美元/吨，与2015年比，进口量下降0.87%、进口额增长5.66%，占茶、咖啡类进口额的比重下降0.78个百分点，平均进口价格上涨6.59%。

从市场结构看，茶叶出口的市场格局基本稳定，进口市场主要集中于南亚地区和中国台湾，进出口市场集中度有所提高。可可及其制品、咖啡类产品的进出口市场分布调整明显，可可及其制品进出口的市场集中度小幅下降，咖啡类产品进出口的市场集中度大幅上升。按贸易额排序，前5位茶叶出口贸易伙伴为：摩洛哥15.27%、中国香港10.97%、越南7.43%、美国6.10%、塞内加尔5.27%；与2015年比，前5位出口贸易伙伴的总份额提高3.75个百分点，其中，越南和中国香港的份额分别提高3.06和2.52个百分点，摩洛哥和美国的份额分别下降1.13和0.51个百分点。前5位进口贸易伙伴为：斯里兰卡37.98%、中国台湾24.98%、印度17.07%、印度尼西亚2.82%、波兰2.12%，与2015年比，前5位进口贸易伙伴的总份额下降0.81个百分点，其中，印度尼西亚的份额下降2.62个百分点，斯里兰卡和中国台湾的份额分别提高1.06和0.83个百分点。前5位可可及其制品出口贸易伙伴为：中国香港23.12%、韩国13.34%、德国7.27%、菲律宾7.18%、美国6.39%；与2015年比，前5位贸易伙伴的总份额下降0.55个百分点，其中，德国的份额下降6.98个百分点，韩国和美国的份额分别提高5.48和0.51个百分点。前5位可可及其制品进口贸易伙伴为：意大利13.66%、马来西亚13.83%、印度尼西亚10.18%、新加坡8.44%、比利时6.54%；与2015年比，前5位进口贸易伙伴的市场总份额下降1.28个百分点，其中，意大利的份额下降6.56个百分点，新加坡、马来西亚、比利时和印度尼西亚的份额分别提高4.76、1.55、1.05和0.77个百分点。前5位咖啡类产品出口贸易伙伴为：中国香港48.57%、德国13.12%、越南10.39%、荷兰5.56%、比利时5.03%；与2015年比，前5位贸易伙伴的总份额提高18.02个百分点，其中，中国香港、越南和荷兰的份额分别提高32.42、7.22和2.02个百分点，德国和比利时的份额分别下降14.77和1.25个百分点。前5位咖啡类产品进口贸易伙伴为：越南69.76%、马来西亚6.53%、意大利3.79%、印度尼西亚3.19%、美国2.72%；与2015年比，前5位进口贸易伙伴的市场总份额提高12.72个百分点，其中，越南的份额提高34.95个百分点，印度尼西亚、马来西亚、意大利和美国的份额分别下降9.15、5.94、4.51和2.01个百分点。

竹、藤、软木类 2016年，竹、藤、软木类产品进出口下降、进口降幅远大于出口降幅；从出口产品看，除竹藤柳家具的出口快速增长外，其他主要产品的进口和出口均有不同幅度的下降；贸易顺差进一步缩小。

2016年，竹、藤、软木类产品出口12.11亿美元、进口0.63亿美元，分别比2015年下降4.57%和21.25%；贸易顺差11.48亿美元，比2015年缩小0.41亿美元。从主要产品出口看，柳条编织品（不含家具）出口5.05万吨、合4.45亿美元，占竹、藤、软木类产品出口总额的36.75%，与2015年比，出口数量增长1.00%、出口额下降1.55%、出口额占比提高1.13个百分点；竹及竹编织品（不包括家具）出口17.89万吨、合3.26亿美元，占竹、藤、软木类产品出口总额的26.92%，与2015年比，出口量增长0.45%、出口额下降9.44%，出口额占比下降1.45个百分点；竹地板和其他竹制特形材出口16.39万吨、合2.56亿美元，占竹、藤、软木类产品出口总额的21.14%，与2015年比，出口量增长3.93%、出口额下降2.29%，出口额占比提高0.49个百分点；竹藤柳家具出口524.67万件（个）、合0.91亿美元，占竹、藤、软木类产品出口总额的7.51%，与2015年比，出口量和出口额分别增长12.91%和9.64%，出口额占比提高0.97个百分点；藤及藤编织品（不含家具）出口0.93万吨、合0.68亿美元，占竹、藤、软木类产品出口总额的5.62%，与2015年比，出口量与出口额分别下降9.71%和19.05%，出口额占比下降1.00个百分点；软木及软木制品出口0.75万吨，合0.21亿美元，占竹、藤、软木类产品出口总额的1.73%，与2015年比，出口量与出口额分别下降1.32%和4.55%，出口额占比基本持平。从主要产品进口看，软木及软木制品进口0.92万吨，比2015年下降17.12%，进口额为0.41亿美元，与2015年持平；藤及藤编织品（不含家具）进口1.40万吨，合0.16亿元，分别比2015年下降53.64%和52.94%。

从市场结构看，竹、藤、软木类产品的出口市场结构基本稳定；进口市场结构变化明显、市场集中度进一步提高。按贸易额，前5位出口贸易伙伴的份额依次为：美国29.44%、德国7.28%、英国6.92%、荷兰6.41%、日本4.51%，前5位贸易伙伴的总份额与2015年基本持平。前5位进口贸易伙伴的份额分别为：葡萄牙41.99%、马来西亚15.04%、意大利11.28%、西班牙5.63%、印度尼西亚5.42%，与2015年比，前5位贸易伙伴的总份额下降1.85个百分点，其中，葡萄牙、意大利和西班牙的份额分别提高9.58、3.44和2.37个百分点，马来西亚和印度尼西亚的份额分别下降7.69和5.41个百分点。

调料、药材、补品类 2016年，调料、药材、补品类产品出口16.36亿美元、进口5.47亿美元，比2015年分别下降5.10%和1.62%；贸易顺差10.89亿美元，比2015年减少0.79亿美元。

按贸易额，调料、药材、补品类出口的前5位贸易伙伴的份额依次为：中国香港26.11%、日本22.33%、韩国7.54%、中国台湾4.47%、英国3.66%；与2015年比，前5位贸易伙伴的总份额提高5.31个百分点，其中，日本和韩国的份额分别提高5.72和0.71个百分点，中国香港的份额下降1.31个百分点。前5位进口贸易伙伴的份额分别为：中国香港34.63%、德国19.82%、新西兰8.14%、马来西亚4.33%、日本3.90%；与2015年比，前5位贸易伙伴的总份额提高6.45个百分点，其中，中国香港的份额提高9.03个百分点，马来西亚和日本的份额分别降低1.23和0.93个百分点。

苗木类 2016年，苗木类出口3.31亿美元，进口2.26亿美元，分别比2015年增长10.33%和3.67%；贸易顺差1.05亿美元，比2015年扩大0.23亿美元。

专栏20　2016年野生动植物进出口管理

2016年，野生动植物进出口管理工作取得积极进展。一是改革和完善行政许可机制。联合海关总署修订《进出口野生动植物种商品目录》，修订发布国家濒管办允许进出口证明书行政许可被许可人监督检查办法》和《国家濒管办非〈进出口野生动植物种商品目录〉物种证明被许可人监督检查办法》；简化进出口申报材料；启动贵阳、长沙、武汉等地许可办证工作；试运行野生动植物进出口网上审批系统；开展大宗贸易和敏感物种贸易监测、欧洲鳗鲡贸易溯源体系建设和限额监管试点工作；完善上海自贸区濒危物种及其产品贸易审批和监管政策措施，颁布实施"广东自贸区"动植物进出口管理新政。二是加强能力建设。组织编制《我国履行CITES公约"十三五"发展规划（报审稿）》；建立濒危物种进出口管理培训基地，组织或会同相关部门开展濒危物种进出口管理相关培训；编印履约管理系列培训教材，出版《常见非法贸易濒危物种识别手册》和《常见贸易濒危与珍贵木材识别手册》，开发"查获动植物产品网上鉴别系统"。三是推进CITES履约工作。积极参加国际谈判和《濒危野生动植物种国际贸易公约》（以下简称《公约》）相关的国际会议，做好相关应对工作；当选《公约》常委会副主席国；配合做好中美战略与经济对话、中国—欧盟履约交流对话、中非合作论坛、东亚峰会等相关议题研究和处置准备；开展大鲵养殖单位在《公约》秘书处的注册登记工作；落实刺猬、紫檀列入《公约》附录Ⅲ的进口贸易管理措施；与《公约》秘书处等相关国际机构、东盟、南盟、非洲野生动植物执法网络组织，以及美国、欧盟、德国、印度尼西亚、越南、老挝等开展多双边履约管理合作与交流；通过会议、培训等深化与中国港、澳、台地区管理交流；推进履约执法协调工作，参与打击野生动植物非法贸易部级联席会议相关工作，召开第十二次敏感物种执法联席会议和部门间CITES履约执法协调小组第六次联席会议；协调和配合海关等部门开展执法检查、监督、走私濒危物种大要案件侦破查处工作；组织和协调对网上非法交易濒危物种活动的管控；会同相关部门、国外机构和国际组织就石首鱼识别技术、非法贸易管理、国际联合执法行动等相关问题开展培训与磋商。

2016年，野生动植物出口63.99亿元人民币（动物22.26亿元，植物41.73亿元），进口89.12亿元人民币（动物17.91亿元，植物71.21亿元）。

专栏21 "一带一路"沿线国家林产品进出口

2016年，对"一带一路"沿线国家⑧林产品进出口下降、进口降幅大于出口降幅，在全国林产品的出口份额微幅提高、进口份额小幅下降，贸易顺差扩大。2016年，对"一带一路"沿线国家的林产品出口295.37亿美元、进口253.61亿美元，分别比2015年下降0.12%和6.77%，在全国林产品贸易中，出口份额和进口份额分别为40.64%和40.63%，与2015年比，出口份额提高0.82个百分点、进口份额下降2.14个百分点；贸易顺差为41.76亿美元，比2015年扩大18.05亿美元。

从产品结构看，以木质林产品为主，但在出口中的份额微幅下降、在进口中的份额小幅提高，在全国林产品出口额和进口额中的占比低于非木质林产品。木质林产品贸易中，出口产品主要是纸和纸板、木家具和人造板，进口以锯材、原木、纸和纸板为主。2016年，林产品出口额中，木质林产品占65.80%、合194.36美元、占全国木质林产品出口额的35.98%，非木质林产品出口101.00亿美元、占全国非木质林产品出口额的54.14%，与2015年比，木质林产品出口额下降0.77%、在林产品出口额中所占比重下降0.43个百分点、占全国木质林产品出口额的比重提高1.19个百分点；非木质林产品出口额增长1.15%、占全国非木质林产品出口额的比重下降1.44个百分点。林产品进口额中，木质林产品占51.27%、合130.03亿美元、占全国木质林产品进口额的31.11%，非木质林产品进口123.58亿美元、占全国非

---

⑧ "一带一路"沿线包括66个国家，其中，东亚3国，即蒙古、日本、韩国；东南亚11国，即印度尼西亚、泰国、马来西亚、越南、新加坡、菲律宾、缅甸、柬埔寨、老挝、文莱、东帝汶；南亚8国，即印度、巴基斯坦、孟加拉国、斯里兰卡、阿富汗、尼泊尔、马尔代夫、不丹；西亚北非16国，即沙特阿拉伯、阿拉伯联合酋长国、阿曼、伊朗、土耳其、以色列、埃及、科威特、伊拉克、卡塔尔、约旦、黎巴嫩、巴林、也门共和国、叙利亚、巴勒斯坦；独联体7国，即俄罗斯、乌克兰、白俄罗斯、格鲁吉亚、阿塞拜疆、亚美尼亚、摩尔多瓦；中东欧16国，即波兰、罗马尼亚、捷克共和国、斯洛伐克、保加利亚、匈牙利、拉脱维亚、立陶宛、斯洛文尼亚、爱沙尼亚、克罗地亚、阿尔巴尼亚、塞尔维亚、马其顿、波黑、黑山；中亚5国，即哈萨克斯坦、乌兹别克斯坦、土库曼斯坦、吉尔吉斯斯坦、塔吉克斯坦。

木质林产品进口额的59.90%；与2015年比，木质林产品进口额增长1.26%、在林产品进口额中所占比重提高4.06个百分点、占全国木质林产品进口额的比重降低0.29个百分点；非木质林产品进口额下降13.94%、占全国非木质林产品进口额的比重下降5.54个百分点。从主要产品看，木质林产品出口中，纸和纸板、木家具和人造板的出口额分别为80.30亿美元、59.31亿美元和15.80亿美元，分别占对"一带一路"沿线国家木质林产品出口额的41.32%、30.52%和8.13%，在全国纸和纸板、木家具和人造板出口中的份额分别为48.95%、26.71%和23.85%；与2015年比，纸和纸板出口额增长8.09%、木家具和人造板的出口额分别下降6.88%和48.58%，在对"一带一路"沿线国家木质林产品出口额中，纸和纸板的份额提高3.39个百分点、木家具和人造板的份额分别下降2.00和7.56个百分点，在全国纸和纸板、木家具和人造板出口中，纸和纸板的份额提高5.50个百分点，木家具和人造板的份额分别下降1.16和19.88个百分点。木质林产品进口中，原木、锯材、纸和纸板的进口量分别为1 387.32万立方米、1 891.07万立方米和89.48万吨，分别占全国原木、锯材、纸和纸板的进口量28.47%、59.98%和28.94%，原木、锯材、纸和纸板的进口额分别为20.03亿美元、44.25亿美元和11.81亿美元，在对"一带一路"沿线国家木质林产品进口额中的比重分别为15.40%、34.03%和9.08%，在全国原木、锯材、纸和纸板进口额中的份额分别为24.77%、54.37%和29.94%；与2015年比，原木进口量增长0.10%、进口额下降12.19%，锯材进口量增长1.73%、进口额下降16.67%，纸和纸板的进口量和进口额分别增长5.32%和3.23%，在全国对应产品进口中，原木进口量和进口额的份额分别下降2.63和3.53个百分点、锯材进口量和进口额的份额分别下降9.91和16.36个百分点、纸和纸板进口量和进口额的份额分别提高0.49和1.67个百分点，在对"一带一路"沿线国家木质林产品进口额中，原木和锯材的份额分别下降2.36和7.32个百分点、纸和纸板的份额提高0.17个百分点。

从市场分布看，出口市场主要集中于东南亚11国、东亚3国和西亚北非16国，东亚和东南亚的份额微幅提高；进口市场高度集中于东南亚11国和独联体7国，东南亚的份额持续低速下降、独联体的份额进一步小幅提高。按出口额，各地区的份额依次为：东南亚11国40.46%、东亚3国26.64%、西亚北非16国17.57%、南亚8国7.51%、独联体7国4.14%、中东欧16国2.29%、中亚5国1.39%；与2015年比，东南亚11国、南亚8国和东亚3国的份额分别提高0.61、0.61和0.51个百分点，西亚北非11国的份额下降1.86个百分点。依进口额，各地区的份额分别为：东南亚11国69.02%、独联体7国18.80%、东亚3国7.79%、中东欧16国2.59%、南亚8国0.88%、西亚北非16国0.67%、中亚5国0.25%；与2015年比，独联体 7 国和东亚 3 国的份额分别提高 2.86 和 0.62 个百分点，东南亚 11 国的份额下降 3.07 个百分点。从贸易伙伴看，出口市场较为分散、进口市场高度集中，进出口市场集中度明显提高。按贸易额，前 5 位出口贸易伙伴依次为：日本 18.04%、越南 10.31%、韩国 8.46%、马来西亚 7.76%、新加坡 6.86%；与 2015 年比，前 5 位出口贸易伙伴的总份额提高 1.00 个百分点，其中，越南、马来西亚的份额分别提高 0.83 和 0.64 个百分点，新加坡的份额下降 0.53 个百分点。前 5 位进口贸易伙伴分别为：泰国 23.94%、印度尼西亚 21.13%、俄罗斯 18.18%、越南 11.08%、马来西亚 9.00%；与 2015 年比，前 5 位进口贸易伙伴的总份额与 2015 年基本持平，其中，俄罗斯和越南的份额分别提高 2.92 和 0.89 个百分点，泰国、马来西亚和印度尼西亚的份额分别下降 1.34、1.21 和 1.16 个百分点。

K

附录

P169-187

2016年各地区林业产业总产值

（按现行价格计算）

单位：万元

地 区	总 计	第一产业	第二产业	第三产业
全国合计	648860444	216194380	320806675	111859389
北 京	1465447	921256	920	543271
天 津	307129	285147	3642	18340
河 北	15235131	7541310	6771662	922159
山 西	4990855	3854356	728917	407582
内蒙古	4660967	2080674	1522694	1057599
辽 宁	11712434	6752639	3166944	1792851
吉 林	15658828	4057312	9433987	2167529
黑龙江	15010987	5743355	6286533	2981099
上 海	4401414	406479	3786623	208312
江 苏	42564193	10358823	27250615	4954755
浙 江	41663309	8839072	24552327	8271910
安 徽	31923833	9339393	15656453	6927987
福 建	46106717	8162505	35680647	2263565
江 西	35048245	10616244	16516215	7915786
山 东	67263543	24215489	38376282	4671772
河 南	18082141	8748700	7021754	2311687
湖 北	29991415	9799583	11332822	8859010
湖 南	37363158	12224174	13659329	11479655
广 东	76957847	8831061	50227583	17899203
广 西	47769623	16858822	25725672	5185129
海 南	5366248	2801228	2311310	253710
重 庆	8216196	3906435	2466398	1843363
四 川	30603257	11479296	9543161	9580800
贵 州	10000809	3964666	1444037	4592106
云 南	17055075	10892579	4480632	1681864
西 藏	292252	261258	3194	27800
陕 西	10970939	8561249	1293247	1116443
甘 肃	4632523	3950840	206104	475579
青 海	484457	476823		7634
宁 夏	1705557	906572	383816	415169
新 疆	10534914	8982813	859522	692579
大兴安岭	821001	374227	113633	333141

2016年各地区营造林生产主要指标完成情况

单位：公顷

地区	造林面积 合计	人工造林	飞播造林	新封山育林	退化林修复	人工更新	森林抚育面积	年末实有封山(沙)育林面积	四旁(零星)植树(万株)	当年苗木产量(万株)	育苗面积
全国合计	7203509	3823656	162322	1953638	991088	272805	8500443	25497053	183094	7043827	1407419
北京	19064	10012		4000	3999	1053	79984	58998	97	10281	14925
天津	9291	9291					49464	26014	252	28052	13330
河北	583361	345625	33333	135107	65653	3643	408379	937199	10430	425476	85545
山西	266694	199696		59998	7000		61337	694279	10131	737463	70858
内蒙古	618484	311052	74094	136006	90382	6950	620090	4033845	2202	338090	46255
辽宁	142438	55332		55337	25069	6700	93422	528508	6018	193729	27101
吉林	157905	88646		2333	53291	13635	179085	578529	926	256374	9978
黑龙江	92999	41262		36814	14923		648659	806160	1136	154212	10800
上海	3941	3941					20589		85	7428	10171
江苏	30625	27214		333	299	2779	59334	4732	5585	434956	184397
浙江	55648	12837		4784	27398	10629	126474	1279489	2423	479744	138946
安徽	128042	91380		31747	3316	1599	621586	387628	11361	94276	85535
福建	228675	10300		141936	19540	56899	293508	572720	3938	25355	774
江西	289560	94933		78344	109669	6614	394623	880911	6002	161230	113806
山东	146684	115179			22282	9223	318744	35129	17681	766439	203347
河南	149002	97647	13429	22417	15376	133	300385	403458	14012	270715	60697
湖北	245705	171735		66747	2763	4460	217301	1093017	13309	208507	50453
湖南	503235	197453		167464	124874	13444	375396	1232773	10590	109193	1399
广东	305404	100658		97347	59791	47608	715327	822894	7108	57131	13141
广西	193341	82410		28135	8180	74616	831959	1590971	5051	123273	7561
海南	14521	8325			133	6063	12090	53886	151	20720	1092
重庆	226333	100600		62400	63333		159767	356878	4934	88596	25194
四川	568532	425550	1600	31519	106629	3234	176043	488275	14021	96621	40578
贵州	478701	228138		250563			400000	633892	5608	130009	4273
云南	496451	308415		97272	90667	97	164012	972534	9817	79907	2371
西藏	55277	42864		12413			24533	1340497	57	3910	704
陕西	297642	184108	33602	63865	16067		161750	853196	8279	451102	43688
甘肃	325580	260144		57438	7998		98103	1636620	7356	644658	47471
青海	178414	16051		159734	2629		24199	1362335	1354	119737	8350
宁夏	91531	58960		22938	8298	1335	42989	338595	694	249964	37454
新疆	263903	118105	6264	126647	10796	2091	590711	1493091	2485	269137	47194
大兴安岭	36526	5793			30733		230600			7544	31

注：自2015年起造林面积包括人工造林、飞播造林、新封山育林、退化林修复和人工更新。森林抚育面积特指中、幼龄林抚育面积。

2016年各地区主要经济林产品产量

单位：吨

地区	板栗	竹笋干	油茶籽	核桃	生漆	油桐籽	乌桕籽	五倍子	棕片	松脂	紫胶（原胶）
全国合计	2289212	770705	2164440	3645170	21934	408518	26204	21647	60782	1328877	7980
北京	27179			12591							
天津	1385			1331							
河北	351423			185625							
山西	11822			207328							
内蒙古											
辽宁	157470			2822							
吉林	853			24467							
黑龙江				1664							
上海		187									
江苏	21388	852	263	989							
浙江	69574	159305	51421	20635	20	161			516	309	
安徽	93617	31872	81735	21117	161	1977	95	60	4057	13842	
福建	118604	185054	137922		133	26312	424	387	18354	110309	4766
江西	25017	43547	366135	28	813	22299	210	86	2337	110392	
山东	302854			179901							
河南	117826	1112	29213	134318	2092	81155	7869	4072		7	
湖北	415107	22880	142498	98075	3568	22066	11607	2830	2444	43237	
湖南	98801	41643	874642	16773	1060	35287	796	920	6060	46566	
广东	22556	45118	146833		55	6904	956		3541	225805	1031
广西	105287	35475	196853	2240	47	82068	75	133	2320	630873	98
海南			348	3385						9665	
重庆	16987	31494	8779	22476	2246	5024	500	1866	430	20	
四川	42142	135266	17254	451486	431	14490	1217	477	1395	370	
贵州	54015	17691	73980	93154	7649	66031	2194	6122	5462	17904	135
云南	144994	12151	18058	945330	385	17144		116	10277	118662	1950
西藏				5290							
陕西	86579	6700	15469	265820	3239	27549	261	4388	3575	916	
甘肃	3732	10		207018	35	51		190	14		
青海				608							
宁夏				358							
新疆				743726							
大兴安岭											

全国历年营造林面积

单位：万公顷

年 份	人工造林	飞播造林	新封山育林	更新造林	森林抚育
1981 年	368.10	42.91		44.26	
1982 年	411.58	37.98		43.88	
1983 年	560.31	72.13		50.88	
1984 年	729.07	96.29		55.20	
1985 年	694.88	138.80		63.83	
1986 年	415.82	111.58		57.74	
1987 年	420.73	120.69		70.35	
1988 年	457.48	95.85		63.69	
1989 年	410.95	91.38		71.91	
1990 年	435.33	85.51		67.15	
1991 年	475.18	84.27		66.41	262.27
1992 年	508.37	94.67		67.36	262.68
1993 年	504.44	85.90		73.92	297.59
1994 年	519.02	80.24		72.27	328.75
1995 年	462.94	58.53		75.10	366.60
1996 年	431.50	60.44		79.48	418.76
1997 年	373.78	61.72		79.84	432.04
1998 年	408.60	72.51		80.63	441.30
1999 年	427.69	62.39		104.28	612.01
2000 年	434.50	76.01		91.98	501.30
2001 年	397.73	97.57		51.53	457.44
2002 年	689.60	87.49		37.90	481.68
2003 年	843.25	68.64		28.60	457.77
2004 年	501.89	57.92		31.93	527.15
2005 年	322.13	41.64		40.75	501.06
2006 年	244.61	27.18	112.09	40.82	550.96
2007 年	273.85	11.87	105.05	39.09	649.76
2008 年	368.43	15.41	151.54	42.40	623.53
2009 年	415.63	22.63	187.97	34.43	636.26
2010 年	387.28	19.59	184.12	30.67	666.17
2011 年	406.57	19.69	173.40	32.66	733.45
2012 年	382.07	13.64	163.87	30.51	766.17
2013 年	420.97	15.44	173.60	30.31	784.72
2014 年	405.29	10.81	138.86	29.25	901.96
2015 年	436.18	12.84	215.29	29.96	781.26
2016 年	382.37	16.23	195.36	27.28	850.04

注：1. 自 2015 年起新封山育林面积包含有林地和灌木林地封育面积，飞播造林面积包含飞播营林面积。
2. 森林抚育面积特指中、幼龄林抚育面积。

2016年各地区林业重点生态工程造林面积

单位：公顷

地 区	全部造林面积	重点生态工程造林面积 合计	天然林资源保护工程	退耕还林工程	京津风沙源治理工程	三北及长江流域等重点防护林体系工程	其他造林面积
全国合计	7203509	2505524	487310	683270	229962	1104982	4697985
北 京	19064	12798			7332	5466	6266
天 津	9291	4104			1436	2668	5187
河 北	583361	126473		20317	42069	64087	456888
山 西	266694	193892	37866	51229	35333	69464	72802
内 蒙 古	618484	360228	93352	47742	131602	87532	258256
辽 宁	142438	80705				80705	61733
吉 林	157905	56563	41652	400		14511	101342
黑 龙 江	92999	70544	14975			55569	22455
上 海	3941						3941
江 苏	30625	5437				5437	25188
浙 江	55648	2807				2807	52841
安 徽	128042	66502		8952		57550	61540
福 建	228675	14116				14116	214559
江 西	289560	69410		1999		67411	220150
山 东	146684	39343				39343	107341
河 南	149002	27332	3332			24000	121670
湖 北	245705	91671	24634	36884		30153	154034
湖 南	503235	66781		17309		49472	436454
广 东	305404	56661				56661	248743
广 西	193341	44170		20900		23270	149171
海 南	14521	5714	133	193		5388	8807
重 庆	226333	87659	22001	65658			138674
四 川	568532	59337	29983	29354			509195
贵 州	478701	93993	6000	86660		1333	384708
云 南	496451	184009	53751	128027		2231	312442
西 藏	55277	19081	2200			16881	36196
陕 西	297642	174755	65732	46100	12190	50733	122887
甘 肃	325580	119723	7771	82219		29733	205857
青 海	178414	77461	28001			49460	100953
宁 夏	91531	53552	7016	13334		33202	37979
新 疆	263903	204177	12385	25993		165799	59726
大兴安岭	36526	36526	36526				

注：重点工程造林面积包括人工造林、飞播造林、新封山育林和退化林修复面积。

全国历年林业重点生态工程完成造林面积

单位：万公顷

年别	合计	天然林资源保护工程	退耕还林工程 小计	其中:退耕地造林	京津风沙源治理工程	三北及长江流域等重点防护林体系工程 小计	三北防护林工程	长江流域防护林工程	沿海防护林工程	珠江流域防护林工程	大行山绿化工程	平原绿化工程
1979－1985年	1010.98					1010.98	1010.98					
"七五"小计	589.93					589.93	517.49	36.99			35.46	17.78
"八五"小计	1186.04				44.12	1141.92	617.44	270.17	84.67		151.86	3.59
1996年	248.17				16.50	231.67	134.23	46.40	7.22		40.25	3.31
1997年	244.94				21.60	223.35	126.61	44.78	6.35	5.67	36.63	3.31
1998年	271.80	29.04			23.16	219.60	124.40	44.86	6.03	3.99	34.37	5.96
1999年	316.95	47.76	44.79	38.15	21.16	203.25	124.54	36.98	4.45	3.21	29.34	4.73
2000年	309.90	42.64	68.36	32.84	28.03	170.88	105.32	20.69	5.69	3.07	29.85	6.26
"九五"小计	1391.76	119.43	113.15	70.99	110.43	1048.75	615.09	193.71	29.73	15.93	170.44	23.84
2001年	307.13	94.81	87.10	38.61	21.73	103.49	54.17	16.27	9.09	2.71	14.13	7.13
2002年	673.17	85.61	442.36	203.98	67.64	77.56	45.38	11.03	5.57	4.66	7.62	3.32
2003年	824.24	68.83	619.61	308.59	82.44	53.35	27.53	10.88	3.86	4.47	5.00	1.62
2004年	478.06	64.15	321.75	82.49	47.33	44.83	23.23	11.33	3.02	3.18	3.09	0.98
2005年	309.96	42.48	189.84	66.74	40.82	36.82	21.79	6.59	2.27	3.07	2.85	0.25
"十五"小计	2592.56	355.87	1660.66	700.41	259.96	316.06	172.10	56.10	23.80	18.07	32.69	13.29
2006年	280.17	77.48	105.05	21.85	40.95	56.68	32.68	7.87	1.70	2.88	11.47	0.09
2007年	267.83	73.29	105.60	5.95	31.51	57.42	38.15	7.64	2.39	1.74	7.39	0.11
2008年	343.35	100.90	118.97	0.22	46.90	76.58	49.79	7.23	7.42	3.70	8.03	0.41
2009年	457.55	136.09	88.67	0.07	43.48	189.31	125.59	22.21	21.22	8.21	11.92	0.17
2010年	366.79	88.55	98.26	0.03	43.91	136.06	92.82	11.88	17.32	6.68	6.92	0.43
"十一五"小计	1715.68	476.31	516.55	28.12	206.77	516.05	339.04	56.83	50.05	23.21	45.73	1.20
2011年	309.30	55.36	73.02	0.01	54.52	126.40	73.78	20.48	20.99	7.23	3.66	0.26
2012年	275.39	48.52	65.53		54.17	107.18	67.87	15.79	14.54	5.16	3.81	0.64
2013年	256.90	46.03	62.89		62.61	85.36	51.86	13.04	11.86	4.40	3.57	2.19
2014年	192.69	41.05	37.86	0.01	23.91	89.87	59.63	10.74	9.69	2.69	4.92	
2015年	284.05	64.48	63.60	44.63	22.33	133.64	76.60	23.72	18.85	9.66	4.81	
"十二五"小计	1318.32	255.44	302.90	44.64	217.53	542.46	329.74	83.78	75.92	29.14	20.77	3.10
2016年	250.55	48.73	68.33	55.85	23.00	110.50	64.85	21.78	10.87	5.73	3.59	
总 计	10055.82	1255.77	2661.59	900.01	861.81	5276.65	3666.74	719.35	275.04	92.09	460.54	59.22

注：1. 京沙源治理工程 1993－2000 年数据为原全国防沙治沙工程数据。
2. 自 2006 年起将无林地和疏林地封育计入造林总面积，2015 年起将有林地和灌木林地封育计入人造林总面积。
3. 2016 年三北及长江流域等重点防护林体系工程造林面积包括林业血防工程 3.67 万公顷造林面积。

全国历年林业重点生态工程实际完成投资及国家投资情况

单位：万元

指标名称		合计	天然林资源保护工程	退耕还林工程	京津风沙源治理工程	三北及长江流域等重点防护林体系工程							野生动植物保护及自然保护区建设工程
						小计	三北防护林工程	长江流域防护林工程	沿海防护林工程	珠江流域防护林工程	太行山绿化工程	平原绿化工程	
1979-1990年	实际完成投资	87832				87832	70514	7843				9475	
	其中：国家投资	48912				48912	43367	3043				2502	
"八五"小计	实际完成投资	329683			17432	312251	161138	70096	41990		23147	15880	
	其中：国家投资	147721			8501	139220	89412	24105	10930		6278	8495	
1996年	实际完成投资	140461			15741	124720	71169	23114	16548		7371	6518	
	其中：国家投资	51939			4506	47433	30802	7455	2531		2085	4560	
1997年	实际完成投资	186106			33782	152324	80567	21095	12653	16430	12247	9332	
	其中：国家投资	64741			12247	52494	34704	7196	2198	502	2853	5041	
1998年	实际完成投资	441717	227761		37741	176215	90289	27774	21029	12060	11970	13093	
	其中：国家投资	280338	206365		10176	63797	37206	11154	3340	1557	5411	5129	
1999年	实际完成投资	713818	409225	33595	35477	235521	118754	31384	22897	16463	24232	21791	
	其中：国家投资	501534	351309	33595	8198	108432	57383	16345	5717	2775	14195	12017	
2000年	实际完成投资	1106412	608414	154075	43102	300821	143682	31273	31551	14392	23781	56142	
	其中：国家投资	881704	582886	146623	15655	136540	71602	18427	13768	6831	13327	12585	
"九五"小计	实际完成投资	2588514	1245400	187670	165843	989601	504461	134640	104678	59345	79601	106876	
	其中：国家投资	1780256	1140560	180218	50782	408696	231697	60577	27554	11665	37871	39332	
2001年	实际完成投资	1771124	949319	314547	183275	303066	102468	53406	40026	10678	16169	80319	20917
	其中：国家投资	1353311	887717	248459	59283	145743	56163	22736	14425	6499	8832	37088	12109
2002年	实际完成投资	2519018	933712	1106096	123238	316711	139272	45837	41164	17657	17151	55630	39261
	其中：国家投资	2249185	881617	1061504	120022	157582	66512	27942	13839	15481	10920	22888	28460
2003年	实际完成投资	3307863	679020	2085573	258781	232083	85437	41442	29155	13136	10436	52477	52406
	其中：国家投资	2977684	650304	1926019	239513	136239	49105	27758	20127	11083	8097	20069	25609
2004年	实际完成投资	3489682	681985	2142905	267666	352661	86645	109028	51946	11922	13048	80072	44465
	其中：国家投资	2981364	640983	1920609	261857	135782	44014	26017	29705	9797	11268	14981	22133
2005年	实际完成投资	3600892	620148	2404111	332625	192556	85231	53607	23029	9134	14620	6936	51452
	其中：国家投资	3211855	584777	2185928	325408	91292	41252	12808	19704	7039	10095	394	24450

(续)

指标名称	合计	天然林资源保护工程	退耕还林工程	京津风沙源治理工程	三北及长江流域等重点防护林体系工程					平原绿化工程	野生动植物保护及自然保护区建设工程
					小计	三北防护林工程	长江流域防护林工程	沿海防护林工程	珠江流域防护林工程	大行山绿化工程		
"十五"小计 实际完成投资	14688579	3864184	8053232	1165585	1397077	499053	303320	185320	62527	71423	275434	208501
其中：国家投资	12773399	3645398	7342519	1006083	666638	257046	117261	97800	49899	49212	95420	112761
2006年 实际完成投资	3527084	643750	2321449	327666	179501	84328	24386	42553	6509	13949	7776	54718
其中：国家投资	3254930	604120	2224633	310029	85398	38539	8262	20637	4647	13108	205	30750
2007年 实际完成投资	3470969	820496	2084085	320929	165879	94026	13912	37819	3994	13213	2915	79580
其中：国家投资	3027545	666496	1915544	298768	91273	48202	9964	23290	2811	6541	465	55464
2008年 实际完成投资	4193747	973000	2489727	323871	337349	184078	34916	94009	7142	16804	400	69800
其中：国家投资	3625728	923500	2210195	310795	139275	99184	13119	18429	4043	4275	225	41963
2009年 实际完成投资	5075170	817253	3217569	403175	557076	270310	101057	140019	23828	21663	199	80097
其中：国家投资	4179436	688199	2886310	355377	209602	133198	27000	35953	8979	4422	50	39948
2010年 实际完成投资	4711990	731299	2927290	382406	570888	284589	49422	192579	27177	16471	650	100107
其中：国家投资	3616315	591086	2499773	329166	138550	68632	19557	33802	12519	4000	40	57740
"十一五"小计 实际完成投资	20978960	3985798	13040120	1758047	1810693	917331	223693	506979	68650	82100	11940	384302
其中：国家投资	17703954	3473401	11736455	1604135	664098	387755	77902	132111	32999	32346	985	225865
2011年 实际完成投资	5319584	1826744	2463373	250395	664819	322215	98832	200344	26204	12948	4276	114253
其中：国家投资	4342817	1696826	1949855	223978	394431	208105	42627	117478	14984	11167	70	77727
2012年 实际完成投资	5283825	2186318	1977649	356646	630274	325088	99667	165824	25796	13899		132938
其中：国家投资	4050116	1710230	1545329	321863	380467	210938	40869	96239	19977	12444		92227
2013年 实际完成投资	5361512	2301529	1962668	378669	569772	274469	65806	178784	21154	17539	12020	148874
其中：国家投资	4378163	2020503	1557260	357304	354732	170664	33863	116389	11354	10442	12020	88364
2014年 实际完成投资	6659502	2610936	2230905	106583	1512854	406704	98569	278075	21229	13196	695081	198224
其中：国家投资	5448154	2204105	1916113	81217	1098931	253193	33154	140431	14930	12664	644559	147788
2015年 实际完成投资	7056599	2983638	2752809	111595	954103	551846	103717	247150	31420	19970		254454
其中：国家投资	6299919	2838326	2520733	107268	637340	370283	85227	138168	23913	19749	711377	196252
"十二五"小计 实际完成投资	29681022	11909165	11387404	1203888	4331822	1880322	466591	1070177	125803	77552	711377	848743
其中：国家投资	24519169	10469990	9489290	1091630	2865901	1213183	235740	608705	85158	66466	656649	602358
2016年 实际完成投资	6754068	3400322	2366719	152729	678829	355827	96009	145345	38195	25946		155469
其中：国家投资	6304925	3334513	2149296	141944	533251	322104	83955	66275	20084	25946		145921
总计 实际完成投资	75108658	24404869	35035145	4463524	9608105	4388646	1302192	2054489	354520	369245	1121507	1597015
其中：国家投资	63278336	22063862	30897778	3903075	5326716	2544564	602583	943375	199805	220621	800881	1086905

注：2016年三北及长江流域等重点防护林体系工程投资包括林业血防工程17 507万元，其中，国家投资14 887万元。

2016年各地区森林火灾情况

地区	森林火灾起数（起）					火场总面积（公顷）	受害森林面积（公顷）			损失林木	
	合计	一般火灾	较大火灾	重大火灾	特大火灾		合计	其中天然林	其中人工林	成林蓄积（立方米）	幼林株数（万株）
全国合计	2034	1340	693	1		18161	6224	898	3962	60846	13765
北京	4	1	3			61	52				12526
天津	1		1			13	6		6		
河北	42	30	12			573	134	35	99	56	4
山西	10	5	5			272	39		39	570	2
内蒙古	78	16	61	1		1622	1478	393	323		38
辽宁	97	44	53			1706	696	136	274	4360	18
吉林	66	49	17			123	57	4	45	391	12
黑龙江	29	27	2			640	43	33	9		
上海											
江苏	15	15				17	1		1		
浙江	83	23	60			532	261		148	6417	22
安徽	42	27	15			172	76	7	69	3006	4
福建	29	8	21			367	221	17	205	4921	25
江西	43	16	27			674	190	63	127	1856	23
山东	13	8	5			96	56		56	718	1
河南	191	179	12			382	69		69	35	4
湖北	213	192	21			876	117	32	85	696	379
湖南	65	30	35			524	316	1	315	3654	17
广东	64	21	43			947	287	12	256	3908	8
广西	401	245	156			4788	1090	29	1061	12038	560
海南	57	20	37			201	117		117	656	4
重庆	14	11	3			47	9	7	2	370	1
四川	263	230	33			1208	217	67	148	2550	20
贵州	37	28	9			176	37		36	492	6
云南	73	27	46			1171	394	10	374	12086	50
西藏											
陕西	52	40	12			306	87	31	56	2036	5
甘肃	9	7	2			264	101		5		32
青海	11	11				100	52	14	34		4
宁夏	20	19	1			296	12		3	3	
新疆	12	11	1			9	7	7		27	

2016年各地区林业有害生物发生防治情况

单位：公顷

地区	合计 发生面积	合计 防治面积	森林病害 发生面积	森林病害 防治面积	森林虫害 发生面积	森林虫害 防治面积	森林鼠害 发生面积	森林鼠害 防治面积	林业有害植物 发生面积	林业有害植物 防治面积
全国合计	12113429	8338173	1388871	958952	8570234	6150262	1955135	1121270	199189	107689
北京	37534	37534	2077	2077	35457	35457				
天津	47045	47019	6906	6884	40139	40135				
河北	472581	428668	23999	21748	417291	378734	31291	28186		
山西	230552	153854	4128	2183	177316	126283	47865	24191	1243	1197
内蒙古	1082500	583598	161714	82034	697370	353033	223416	148530		
辽宁	610980	511423	64011	56709	535612	449196	11357	5518		
吉林	220921	181378	22657	21088	157220	127507	41044	32783		
黑龙江	379409	295831	33196	21158	170026	113000	176187	161674		
上海	7603	7403	707	682	6896	6721				
江苏	106780	98255	7970	7936	98042	90026			768	293
浙江	140025	127033	14294	8806	125732	118227				
安徽	498133	373945	39667	29809	458467	344136				
福建	206001	196457	17987	17166	188014	179291				
江西	224781	154527	52807	35027	171825	119500			148	
山东	454478	441835	80367	75022	374111	366813				
河南	589396	488869	112287	99727	477109	389142				
湖北	496142	358555	45061	32690	335260	258851	3793	2922	112029	64092
湖南	382458	268134	79191	33314	303267	234820				
广东	311782	172514	23251	19920	256020	125116			32511	27478
广西	387752	66372	45423	7633	338235	57897	276	276	3818	566
海南	25962	8054	1508	697	10204	6378			14250	979
重庆	296231	112413	23369	17956	212083	80204	60779	14253		
四川	699260	499055	88042	38913	556611	421937	54607	38205		
贵州	209033	130151	14182	10005	185769	116835	3333	3124	5750	188
云南	467522	423180	83693	75099	357825	331312	4629	4275	21376	12495
西藏	291033	174787	76673	46511	154593	101201	59653	27039	113	35
陕西	413992	284575	33376	21173	293258	193120	87358	70282		
甘肃	402595	219763	93427	70694	155941	77629	153227	71440		
宁夏	262590	196032	25703	19015	107249	82186	122455	94465	7183	367
青海	255014	87245	2867	1	81146	15234	171001	72010		
新疆	1765022	1181583	89913	75732	1052006	805747	623104	300105		
大兴安岭	138322	28129	18420	1543	40142	4593	79760	21992		

2016年各地区主要林产工业产品产量

地 区	木材（万立方米）	竹材（万根）	锯材（万立方米）	人造板（万立方米）合 计	胶合板	纤维板	刨花板	木竹地板（万平方米）	松香类产品（吨）
全国合计	7775.87	250630	7716.14	30042.22	17755.62	6651.22	2650.10	83799	1838691
北 京	15.38								
天 津	18.00			11.17	1.25	9.92		112	
河 北	82.30		152.82	1715.06	811.62	534.04	308.23	70	
山 西	21.48		13.02	46.41	8.11	17.54	5.45		
内蒙古	81.71		1028.46	42.38	26.76	1.64	0.15	7	
辽 宁	187.01		292.69	283.16	131.62	61.25	25.02	2767	
吉 林	185.27		147.59	371.22	177.66	102.75	38.59	3622	
黑龙江	116.39		629.85	457.39	304.90	86.82	46.71	2110	
上 海				1.67	1.67			599	
江 苏	156.08	356	285.89	5609.77	3896.40	768.23	678.14	31799	9600
浙 江	108.18	21185	330.61	567.53	195.60	96.05	9.46	11207	21200
安 徽	447.27	16029	453.23	2296.38	1634.24	347.10	152.64	7920	7685
福 建	575.83	74677	242.71	981.15	565.93	189.49	36.26	3179	138216
江 西	228.01	18436	227.93	498.95	206.98	131.08	42.45	7283	127063
山 东	356.14		1339.55	7480.69	5157.40	1410.14	528.86	4124	
河 南	274.00	154	255.40	1793.19	842.27	380.34	130.85	1290	
湖 北	193.11	3828	225.47	736.60	217.07	397.11	79.58	3243	29310
湖 南	273.75	14090	413.27	566.29	306.79	56.28	29.21	1539	38540
广 东	756.01	16931	188.69	1389.18	668.53	501.01	205.42	1120	203380
广 西	2686.55	50601	896.17	3668.32	2137.69	838.61	187.40	577	1044141
海 南	150.12	785	67.43	29.71	17.69	3.00	9.01	17	591
重 庆	55.23	9236	41.91	126.05	39.67	49.36	28.38	7	1077
四 川	201.61	8410	179.79	877.03	211.05	488.30	63.71	866	300
贵 州	165.18	3836	93.70	102.17	52.43	7.66	8.23	114	13895
云 南	391.58	11567	191.40	311.90	124.97	114.54	35.50	229	203493
西 藏			2.22						
陕 西	11.74	510	7.83	59.69	10.09	48.29	0.86		200
甘 肃	1.67		0.88	5.28	0.83	4.44			
青 海									
宁 夏				1.05					
新 疆	36.30		7.48	12.82	6.41	6.20			
大兴安岭			0.14	0.02					

全国历年主要林产工业产品产量

年份	木材（万立方米）	竹材（万根）	锯材（万立方米）	人造板（万立方米）合计	胶合板	其中 纤维板	刨花板	木竹地板（万平方米）	松香（吨）
1981年	4942	8656	1301	100	35	57	8		406214
1982年	5041	10183	1361	117	39	67	10		400784
1983年	5232	9601	1394	139	45	73	13		246916
1984年	6385	9117	1509	151	49	74	16		307993
1985年	6323	5641	1591	166	54	90	18		255736
1986年	6502	7716	1505	189	61	103	21		293500
1987年	6408	11855	1472	248	78	121	38		395692
1988年	6218	26211	1468	290	83	148	48		376482
1989年	5802	15238	1393	271	73	144	44		409463
1990年	5571	18714	1285	245	76	117	43		344003
1991年	5807	29173	1142	296	105	117	61		343300
1992年	6174	40430	1119	429	156	144	116	375	419503
1993年	6392	43356	1401	580	212	181	157	483	503681
1994年	6615	50430	1294	665	261	193	168	697	437269
1995年	6767	44792	4184	1685	759	216	435	1257	481264
1996年	6710	42175	2442	1203	490	206	338	2294	501221
1997年	6395	44921	2012	1648	758	276	360	1894	675758
1998年	5966	69253	1788	1056	447	220	266	2643	416016
1999年	5237	53921	1586	1503	728	391	241	3205	434528
2000年	4724	56183	634	2002	993	514	287	3319	386760
2001年	4552	58146	764	2111	905	570	345	4849	377793
2002年	4436	66811	852	2930	1135	767	369	4977	395273
2003年	4759	96867	1127	4553	2102	1128	547	8642	443306
2004年	5197	109846	1533	5446	2099	1560	643	12300	485863
2005年	5560	115174	1790	6393	2515	2061	576	17323	606594
2006年	6612	131176	2486	7429	2729	2467	843	23399	915364
2007年	6977	139761	2829	8839	3562	2730	829	34343	1183556
2008年	8108	126220	2841	9410	3541	2907	1142	37689	1067293
2009年	7068	135650	3230	11547	4451	3489	1431	37753	1117030
2010年	8090	143008	3723	15361	7140	4355	1264	47917	1332798
2011年	8146	153929	4460	20919	9870	5562	2559	62908	1413041
2012年	8175	164412	5568	22336	10981	5800	2350	60431	1409995
2013年	8438	187685	6298	25560	13725	6402	1885	68926	1642308
2014年	8233	222440	6837	27372	14970	6463	2088	76022	1700727
2015年	7218	235466	7430	28680	16546	6619	2030	77356	1742521
2016年	7776	250630	7716	30042	17756	6651	2650	83799	1838691

注：自2006年起松香产量包括深加工产品。

2016年各地区林业投资完成情况

单位：万元

地区	总计	其中：国家投资
全国合计	45095738	21517308
北京	1755104	1684516
天津	123328	123328
河北	1131022	704481
山西	1231851	671860
内蒙古	1627553	1515896
辽宁	421582	386290
吉林	818957	762251
黑龙江	1385455	1314649
上海	232668	232668
江苏	1049407	683419
浙江	824296	613162
安徽	1018263	453288
福建	2448630	332207
江西	1163236	562327
山东	3170368	594736
河南	1204485	706083
湖北	1669467	519875
湖南	2672818	930510
广东	790191	708350
广西	10146123	729161
海南	145151	139695
重庆	557574	449518
四川	2680872	1140706
贵州	620938	620938
云南	1077250	1013899
西藏	365069	365069
陕西	1330824	846230
甘肃	993682	827685
青海	330888	292173
宁夏	309983	250484
新疆	1132655	683138
局直属单位	666048	658716
大兴安岭	336650	329318

全国历年林业投资完成情况

单位：万元

年　份	林业投资完成总额	其中：国家投资
1981 年	140752	64928
1982 年	168725	70986
1983 年	164399	77364
1984 年	180111	85604
1985 年	183303	81277
1986 年	231994	83613
1987 年	247834	97348
1988 年	261413	91504
1989 年	237553	90604
1990 年	246131	107246
1991 年	272236	134816
1992 年	329800	138679
1993 年	409238	142025
1994 年	476997	141198
1995 年	563972	198678
1996 年	638626	200898
1997 年	741802	198908
1998 年	874648	374386
1999 年	1084077	594921
2000 年	1677712	1130715
2001 年	2095636	1551602
2002 年	3152374	2538071
2003 年	4072782	3137514
2004 年	4118669	3226063
2005 年	4593443	3528122
2006 年	4957918	3715114
2007 年	6457517	4486119
2008 年	9872422	5083432
2009 年	13513349	7104764
2010 年	15533217	7452396
2011 年	26326068	11065990
2012 年	33420880	12454012
2013 年	37822690	13942080
2014 年	43255140	16314880
2015 年	42901420	16298683
2016 年	45095738	21517308

2007-2016年主要林产品进出口金额

单位：千美元

产品		2007年	2008年	2009年	2010年	2011年	2012年	2013年	2014年	2015年	2016年
	总计 出口	31930993	33488310	36316317	46316686	55033714	58690787	64454614	71412007	74262543	72676670
	总计 进口	32360169	38439466	33902486	47506554	65299100	61948082	64088332	67605223	63603710	62425744
原木 针叶原木	出口	17	21	274	51	38	1724		289		
原木 针叶原木	进口	2404879	2414186	2234430	3240796	4864608	7250935	5114048	5440581	3657984	4111591
原木 阔叶原木	出口	1194	965	4306	10475	6730		6656	7773	4140	29793
原木 阔叶原木	进口	2950955	2769073	1852088	2830298	3408524	3760576	4203304	6341506	4402247	3973686
原木 合计	出口	1211	986	4580	10526	6768	1724	6656	8062	4140	29793
原木 合计	进口	5355834	5183259	4086518	6071094	8273132	3490359	9317352	11782087	8060231	8085277
锯材	出口	392669	412265	346344	342001	360493	331346	325737	298200	206795	194220
锯材	进口	1774871	2039427	2327863	3878172	5721322	5524195	6829924	8088849	7506603	8137933
单板	出口	200086	243925	172678	210865	273559	234420	235983	276757	283714	280009
单板	进口	135718	98504	63736	88064	118568	135155	142005	183822	162113	157597
特形材	出口	519003	448662	371345	433189	377244	359769	334364	355706	293881	234461
特形材	进口	21636	19774	15547	19708	29668	30988	28193	35357	41178	51055
刨花板	出口	34758	45873	32712	41387	56411	66454	93181	136337	114107	120502
刨花板	进口	106352	91859	88913	114283	122232	116921	127891	141666	141018	184022
纤维板	出口	1085801	1094538	884401	1114253	1435693	1613657	1523620	1630949	1425474	1228476
纤维板	进口	168916	140415	119570	124654	107114	93740	100575	110055	108396	125490
胶合板	出口	3577941	3400530	2523949	3402140	4339929	4795625	5033698	5813258	5487696	5275773
胶合板	进口	170383	167469	89042	116042	119681	119546	103104	131966	121126	138484
木制品	出口	3828644	3522246	3324597	4114612	4536235	4854951	5160484	5932432	6457198	6308242
木制品	进口	70251	75033	84081	121953	156709	274723	500161	715093	763723	771224
家具	出口	10683050	11017339	12035202	16157214	17118709	18331201	19440770	22091885	22854641	22209363
家具	进口	220383	311952	297671	387711	546457	596047	707904	888821	884025	961700
木片	出口	25249	9034	887	558	726	30	57	21	102	823
木片	进口	158338	182490	353802	673817	1159600	1331814	1554275	1545100	1693669	1912019
木浆	出口	27487	6916	22351	11344	34119	12694	14008	12433	16818	17267
木浆	进口	5498741	6660933	6795615	8774104	11852421	10904715	11316770	12004565	12701792	12196424
废纸	出口	18	1	48	119	616	691	418	265	280	495
废纸	进口	4041970	5556926	3796054	5352897	6967452	6275973	5930000	5347795	5283161	4988961
纸和纸制品	出口	1844016	2070567	6129326	7554688	10454553	11800706	14232066	15859260	17097590	16403632
纸和纸制品	进口	4287379	4363240	3879784	4610590	5055272	4600238	4373700	4308915	4046869	3945233
木炭	出口	20114	22979	26065	35748	39094	44428	64472	89129	108964	101677
木炭	进口	9914	14663	17552	22952	44877	58017	62857	62022	50057	46031
松香	出口	274265	271944	181729	486750	593328	268287	272145	296592	194439	104297
松香	进口	6686	4739	6104	8830	8577	17549	47616	25367	40434	64510
水果 柑橘属	出口	257633	437373	592697	615797	726457	971902	1155959	1170064	1258434	1303841
水果 柑橘属	进口	54670	67312	74224	106072	148576	150776	166152	229953	267179	354846
水果 鲜苹果	出口	512645	698398	713518	831627	914326	959913	1030074	1027619	1031232	1452932
水果 鲜苹果	进口	34674	45188	54108	75932	115830	92578	67465	46278	146957	123220
水果 鲜梨	出口	161765	215087	220716	243263	285559	325154	361737	350656	442537	487011
水果 鲜梨	进口	16	27	23	75	1043	3793	6041	10148	12935	13300

(续)

	产品		2007年	2008年	2009年	2010年	2011年	2012年	2013年	2014年	2015年	2016年
水果	鲜葡萄	出口	32944	47437	85926	104943	162273	336036	268561	358756	761873	663604
		进口	63180	95018	172077	189471	324280	425205	514608	602607	586628	629772
	鲜猕猴桃	出口		22309	33082	44719	2803	1592	3026	4646	4463	
		进口		1537	1900	2571	81910	138843	121626	195481	266718	145952
	山竹果	出口					1	1	1			12932
		进口	62230	69565	144383	147018	145837	196000	231455	158470	238200	343079
	鲜榴莲	出口					1	4				
		进口	71250	92850	124373	149562	234304	399762	543165	592625	567943	693302
	鲜龙眼	出口	2718	2770	857	711	2451	2813	2158	3105	10187	8763
		进口	98239	124192	157334	193182	314287	395965	448088	328267	341923	270213
	鲜火龙果	出口		121	161	300	719	1093	736	329	345	538
		进口		55236	94538	105305	200154	326473	410163	529932	662882	381121
坚果	核桃	出口	53887	60224	19849	24536	47654	54660	63087	71524	60735	30301
		进口	6218	12624	28502	48596	55204	73373	61000	62120	42335	31916
	板栗	出口	62244	62981	68208	73434	75865	85864	84255	82517	77858	76939
		进口	18304	18531	18108	22090	17893	26937	24578	18360	10504	15222
	松子仁	出口	81610	47675	142974	159277	153902	174671	212315	234068	258135	272137
		进口	1091	6955	7875	5619	21990	22467	26953	53440	64841	88809
	开心果	出口	5906	13098	5622	7334	10889	35959	28830	13482	10306	9956
		进口	43178	76554	77461	203136	116623	134940	80886	66195	75964	118898
干果	梅干及李干	出口	2136	1942	2311	3844	4943	6766	6479	4235	2294	2405
		进口	1500	1783	2865	4942	8274	9718	9745	4251	3267	6282
	龙眼干及肉	出口	1018	1005	1249	1742	1674	1868	1535	1657	2392	1905
		进口	52849	53530	88737	64630	86455	82020	86062	56678	26565	60613
	柿饼	出口	15983	10630	9098	13896	11100	16040	13476	14826	8830	11904
		进口	18					1				2
	红枣	出口	10709	12187	17399	17447	22611	26808	24638	28535	35320	37290
		进口	3	14	20	90	58	70	8	8	4	16
	葡萄干	出口	36329	47225	65311	69960	102067	73901	83392	74344	56891	62245
		进口	17917	19686	18340	23010	34943	41525	37881	37952	50952	55113
果汁	柑橘属果汁	出口	10525	14424	14218	16064	19946	11107	11209	10880	10914	9353
		进口	122646	97790	106311	109036	172899	153505	155367	153185	124160	115084
	苹果汁	出口	1243994	1130079	655526	747088	1081240	1142004	906622	638698	561250	546813
		进口	1224	4634	718	606	1087	1383	2269	3209	4454	4811
	其他	出口	6924636	8116983	7640042	9459801	11782556	11746517	13455234	14525425	15122709	15176770
		进口	9683594	7559270	6718656	9727522	23016281	14830100	10756768	19280066	18504906	17208212

注：① 资料来源：海关总署信息中心。
② 木浆中未包括从回收纸与纸板中提取的木浆。
③ 纸和纸制品中未包括回收纸和纸板及印刷品等。
④ 2007—2008年以造纸工业纸浆消耗价值中原生木浆价值的比例将从回收的纸与纸板中提取的纤维浆、回收纸与纸板出口额折算为木制林产品价值，2009—2016年按木纤维浆（原生木浆和废纸中的木浆）价值比例折算。各年的折算系数为：2006年取0.22；2007年取0.214；2008年取0.221；2009年取0.80；2010年取0.78；2011年取0.8；2012年取0.85；2013年取0.88；2014年取0.89；2015年取0.90；2016年取0.92。
⑤ 2007—2008年以造纸工业纸浆消耗价值中原生木浆价值的比例将纸和纸制品出口额折算为木制林产品价值，2009—2016年按木纤维浆（原生木浆和废纸中的木浆）价值比例折算。各年的折算系数为：2006年取0.27，2007年取0.26，2008年取0.26，2009年取0.81；2010年取0.79；2011年取0.81；2012年取0.86；2013年取0.89；2014年取0.89；2015年取0.91；2016年取0.93。
⑥ 将印刷品、手稿、打字稿等的进（出）口额=进（出）口折算量×纸和纸制品的平均价格。

2007-2016年主要林产品进出口数量

产品		单位	2007年	2008年	2009年	2010年	2011年	2012年	2013年	2014年	2015年	2016年
原木	针叶原木 出口	立方米	66	100	851	174	41			2042		
	针叶原木 进口	立方米	23270909	18577008	20302606	24274023	31465280	26769151	33163602	35839252	30059122	33665605
	阔叶原木 出口	立方米	3655	2725	11885	28208	14339	3569	13128	9702	12070	94565
	阔叶原木 进口	立方米	13861696	10992626	7756655	10073466	10860568	11123565	11995831	15355616	14509893	15059132
	合计 出口	立方米	3721	2825	12736	28382	14380	3569	13128	11744	12070	94565
	合计 进口	立方米	37132605	29569634	28059261	34347489	42325848	37892716	45159433	51194868	44569015	48724737
锯材	出口	立方米	763544	717475	561106	539433	544194	479847	458284	408970	288288	262053
	进口	立方米	6557793	7181828	9935167	14812175	21606705	20669661	24042966	25739161	26597691	31526379
单板	出口	立方米	152746	146283	114327	158158	246914	205644	204347	255744	265447	246424
	进口	立方米	130215	91894	72327	109517	200231	342983	599518	986173	998698	880574
特形材	出口	吨	363790	310052	251560	302159	254144	247267	225281	212089	176867	162298
	进口	吨	13755	12333	7953	10513	13442	14108	11818	16072	21624	27295
刨花板	出口	立方米	179824	193171	124944	165527	86786	216685	271316	372733	254430	288177
	进口	立方米	524918	374137	446543	539368	547030	540749	586779	577962	638947	903089
纤维板	出口	立方米	3056768	2382562	2031141	2569456	3291031	3609069	3068658	3205530	3014850	2649206
	进口	立方米	702512	504505	452979	400071	306210	211524	226156	238661	220524	241021
胶合板	出口	立方米	8715903	7185060	5634800	7546940	9572461	10032149	10263412	11633086	10766786	11172980
	进口	立方米	304098	293937	179178	213672	188371	178781	154695	177765	165884	196145
木制品	出口	吨	2207534	1750049	1563994	1858712	1876915	1865571	1935606	2175183	2269553	2302459
	进口	吨	52585	60187	39734	43652	55484	198006	445186	670641	760350	796138
家具	出口	件	280364654	242633034	247470421	298327198	289157492	286991126	287405234	316268837	327246688	332626587
	进口	件	2468740	3147981	3298999	4361353	5497244	6368316	7384560	9845973	10191956	11101311
木片	出口	吨	214540	73014	7247	5342	5094	69	69	42	85	5531
	进口	吨	1139607	1056387	2766012	4631704	6565328	7580364	9157137	8850785	9818990	11569916
木浆	出口	吨	50781	10628	35045	14433	31520	19504	22759	18393	25441	27790
	进口	吨	8383914	9460349	13578483	11299952	14354611	16380763	16781790	17893771	19791810	21019085
废纸	出口	吨	108	4	220	621	2853	2067	923	661	631	2142
	进口	吨	22562110	24205826	27501707	24352214	27279353	30067145	29236781	27518476	29283876	28498407
纸和纸制品	出口	吨	1457278	1356450	4802753	5157993	5997827	6444274	7622315	8520484	8358720	9422457
	进口	吨	4208691	3735959	3495948	3536533	3477712	3254368	2971246	2945544	2986103	3091659
木炭	出口	吨	42643	50976	54922	63398	67463	64192	75550	80373	74075	68170
	进口	吨	75003	136266	156678	175518	188697	167655	209273	219758	172780	159338
松香	出口	吨	329214	276517	193291	249801	231148	167784	133136	122469	85322	58433
	进口	吨	3122	1076	2927	3589	2659	9918	30413	11343	23357	45857
水果	柑橘属 出口	吨	564471	862105	1113002	933089	901557	1082217	1041421	979882	920513	934320
	柑橘属 进口	吨	74421	79946	91652	105275	131739	126154	128621	161833	214890	295641
	鲜苹果 出口	吨	1019840	1153326	1174191	1122953	1034635	975878	994664	865070	833017	1322042
	鲜苹果 进口	吨	36396	42395	54116	66882	77085	61505	38642	28148	87563	67109
	鲜梨 出口	吨	405189	446656	463159	437804	402778	409584	381374	297260	373125	452435
	鲜梨 进口	吨	14	9	13	13	527	2479	3122	7379	7930	8224
	鲜葡萄 出口	吨	55790	63303	100225	89359	106477	152292	105152	125879	208015	254452
	鲜葡萄 进口	吨	42775	51613	89775	81744	122909	168409	185228	211019	215899	252396

(续)

	产品		单位	2007年	2008年	2009年	2010年	2011年	2012年	2013年	2014年	2015年	2016年
水果	鲜猕猴桃	出口	吨	—	18769	26835	33162	1891	934	1478	2175	2007	
		进口	吨	—	1669	1749	2041	43114	51979	48243	62829	90178	66247
	山竹果	出口	吨	—			1	4	1				4133
		进口	吨	40404	41084	91719	90918	83573	101141	112945	82798	104480	125988
	鲜榴莲	出口	吨	—				4	11				
		进口	吨	105667	138929	196147	172205	210938	286510	321950	315509	298793	292310
	鲜龙眼	出口	吨	3560	2221	945	1177	1704	1894	1892	1754	3915	2760
		进口	吨	174625	196451	256037	291336	338846	323328	365227	326079	354149	348455
	鲜火龙果	出口	吨		282	418	440	430	607	347	179	146	240
		进口	吨		118248	195044	218355	339710	469245	538542	603876	813480	523373
坚果	核桃	出口	吨	28081	26179	10582	12086	17952	18024	18189	17571	13660	9151
		进口	吨	7813	9033	21102	25918	22837	27801	28385	26409	13137	12380
	板栗	出口	吨	45409	40920	46640	37002	37767	35081	39046	35594	34590	32884
		进口	吨	11151	11890	10820	11983	9197	10666	11788	9874	6694	7213
	松子仁	出口	吨	7882	4178	7862	7027	9633	11579	10683	11428	13444	13771
		进口	吨	196	882	935	503	2481	2279	1948	3750	4228	6638
	开心果	出口	吨	3953	7691	2469	3382	5178	11008	5193	3360	2596	2082
		进口	吨	19290	29605	21545	52781	24952	28039	13651	10779	11348	18331
干果	梅干及李干	出口	吨	736	475	551	954	1157	1522	1504	935	469	497
		进口	吨	1372	1552	3034	5635	9065	8269	6838	1613	1171	3421
	龙眼干及肉	出口	吨	254	222	232	283	264	248	193	216	297	291
		进口	吨	80996	76117	133616	62036	77370	58551	64471	35810	16203	33729
	柿饼	出口	吨	8546	5660	5001	6505	4657	6080	5036	5492	3113	4013
		进口	吨	7									
	红枣	出口	吨	9496	7884	8668	7686	6873	8522	7784	7822	9573	11027
		进口	吨		17	5	51	37	17	1	1		4
	葡萄干	出口	吨	25680	30620	41345	39850	47959	30633	36005	30201	25500	28770
		进口	吨	12338	12570	11743	13855	20624	22358	20073	22592	34818	37087
果汁	柑橘属果汁	出口	吨	11941	16895	20220	22563	20541	6102	5661	5265	5076	4323
		进口	吨	65324	47566	65108	71364	78156	61904	70459	69701	64356	66268
	苹果汁	出口	吨	1042326	692574	799505	788409	613912	591633	601490	458590	474959	507390
		进口	吨	1028	2270	467	464	819	1034	1769	2747	4770	5600

注：① 资料来源：海关总署信息中心。
② 表中数据体积与重量按刨花板650千克/立方米、单板750千克/立方米的标准换算，纤维板折算标准：密度>800千克/立方米的取950千克/立方米、500千克/立方米<密度<800千克/立方米的取650千克/立方米、350千克/立方米<密度<500千克/立方米的取425千克/立方米、密度<350千克/立方米的取250千克/立方米。
③ 木浆中未包括从回收纸和纸板中提取的木浆。
④ 纸和纸制品中未包括回收的废纸和纸板、印刷品、手稿等。
⑤ 2007－2008年废纸、纸和纸制品出口量按纸和纸产品中的原生木浆比例折算，2009－2016年按木纤维浆（原生木浆和废纸中的木浆）比例折算。纸和纸制品出口量按纸和纸产品中木浆比例折算，出口量的折算系数：2006年为0.22；2007年为0.214；2008年为0.221；2009年为0.80；2010年为0.78；2011年为0.80；2012年为0.85；2013年为0.88；2014年为0.89；2015年为0.90；2016为0.92。
⑥ 核桃进（出）口量包括未去壳核桃和核桃仁的折算量，其中核桃仁的折算量是以40%的出仁率将核桃仁数量折算为未去壳的核桃数量；板栗进（出）口量包括未去壳板栗和去壳板栗的折算量，其中去壳板栗的折算量是以80%的出仁率将去壳板栗数量折算为未去壳板栗数量；开心果进（出）口量包括未去壳开心果和去壳开心果的折算量，其中去壳开心果的折算量是以50%的出仁率将去壳开心果数量折算为未去壳开心果数量。
⑦ 柑橘属水果中包括橙、葡萄柚、柚、蕉柑、其他柑橘、柠檬酸橙、其他柑橘属水果。

注　释

1. 文中林产品进出口部分，将林产品分为木质林产品和非木质林产品。木质林产品划分为 8 类：原木、锯材（包括特形材）、人造板及单板（包括单板、胶合板、刨花板、纤维板和强化木）、木制品、纸类（包括木浆、纸及纸板、纸或纸板制品、废纸及废纸浆、印刷品等）、木家具、木片、其他（薪材、木炭等）。非木质林产品划分为 7 类：苗木类，菌、竹笋、山野菜类，果类，茶、咖啡类，调料、药材、补品类，林化产品类，竹藤、软木类（含竹藤家具）。

2. 关于造林面积统计，根据造林技术规程（GB/T 15776—2006），自 2006 年起将无林地和疏林地新封山育林面积计入造林总面积。1985 年以前（含 1985 年），按造林成活率 40% 以上统计，1986 年以后按成活率 85% 统计。

3. 书中除全国森林资源数据外，附表中所有统计资料和数据均未包括香港、澳门特别行政区和台湾省。

4. 附表中符号使用说明："空格"表示该项统计指标数据不足本表最小单位数、不详或无该项数据。

后 记

《2017中国林业发展报告》是集体劳动的成果。在国家林业局领导的直接领导下，局发展规划与资金管理司和经济发展研究中心负责组织和编写，各司局、有关直属单位、北京林业大学、中国人民大学参加了这项工作。

本报告在编写过程中，得到了商务部、国家统计局、海关总署、农业部信息中心、中国造纸协会、中国木材与木制品流通协会等单位的大力支持，他们为之提供了有关资料，在此表示感谢。

我们诚恳希望广大读者关心林业发展并能提供宝贵的建设性意见。我们的联系方式如下。

地址：北京市东城区和平里东街18号
　　　国家林业局发展规划与资金管理司
　　　国家林业局经济发展研究中心
电话：010-84238422，84239164
E-mail: tongjichu@forestry.gov.cn

编　者
2017年9月

图书在版编目(CIP)数据

2017中国林业发展报告/国家林业局编著. -- 北京：中国林业出版社，2017.9
ISBN 978-7-5038-9273-8

Ⅰ.① 2… Ⅱ.①国… Ⅲ.①林业经济－经济发展－研究报告－中国－ 2017 Ⅳ.① F326.23

中国版本图书馆 CIP 数据核字 (2017) 第 216997 号

责任编辑：肖　静　刘家玲

出版：中国林业出版社（100009 北京西城区刘海胡同 7 号）
　　　E-mail:wildlife_cfph@163.com 电话：83143519
发行：中国林业出版社
制作：北京美光设计制版有限公司
印刷：北京卡乐富印刷有限公司
版次：2017 年 9 月第 1 版
印次：2017 年 9 月第 1 次
开本：889mm×1194mm 1/16
印张：12.5
字数：320 千字
定价：128.00 元